高等学校碳中和城市与低碳建筑设计系列教材

高等学校土建类专业课程教材与教学资源专家委员会规划教材

丛书主编　刘加平

低碳城市规划工程技术

Low-Carbon Technologies in Urban Engineering Planning

侯全华　卢金锁　张志强　主编

中国建筑工业出版社

图书在版编目（CIP）数据

低碳城市规划工程技术 = Low-Carbon Technologies
in Urban Engineering Planning / 侯全华，卢金锁，
张志强主编. --北京：中国建筑工业出版社，2024.
12. --（高等学校碳中和城市与低碳建筑设计系列教材 /
刘加平主编）（高等学校土建类专业课程教材与教学资源
专家委员会规划教材）. --ISBN 978-7-112-30744-9

Ⅰ. TU984

中国国家版本馆CIP数据核字第2024Q4Q430号

为了更好地支持相应课程的教学，我们向采用本书作为教材的教师提供课件，有需要者可与出版社联系。
建工书院：https://edu.cabplink.com
邮箱：jckj@cabp.com.cn 电话：（010）58337285

策　　划：陈　桦　柏铭泽
责任编辑：杨　虹　周　觅
责任校对：赵　力

高等学校碳中和城市与低碳建筑设计系列教材
高等学校土建类专业课程教材与教学资源专家委员会规划教材
丛书主编　刘加平

低碳城市规划工程技术
Low-Carbon Technologies in Urban Engineering Planning
侯全华　卢金锁　张志强　主编
*
中国建筑工业出版社出版、发行（北京海淀三里河路9号）
各地新华书店、建筑书店经销
北京锋尚制版有限公司制版
北京中科印刷有限公司印刷
*
开本：787毫米×1092毫米　1/16　印张：10　字数：191千字
2024年12月第一版　2024年12月第一次印刷
定价：**45.00**元（赠教师课件）
ISBN 978-7-112-30744-9
　　（44488）

《高等学校碳中和城市与低碳建筑设计系列教材》

总序

　　党的二十大报告中指出要"积极稳妥推进碳达峰碳中和，推进工业、建筑、交通等领域清洁低碳转型"，同时要"实施城市更新行动，加强城市基础设施建设，打造宜居、韧性、智慧城市"，并且要"统筹乡村基础设施和公共服务布局，建设宜居宜业和美乡村"。中国建筑节能协会的统计数据表明，我国2020年建材生产与施工过程碳排放量已占全国总排放量的29%，建筑运行碳排放量占22%。提高城镇建筑宜居品质、提升乡村人居环境质量，还将会提高能源等资源消耗，直接和间接增加碳排放。在这一背景下，碳中和城市与低碳建筑设计作为实现碳中和的重要路径，成为摆在我们面前的重要课题，具有重要的现实意义和深远的战略价值。

　　建筑学（类）学科基础与应用研究是培养城乡建设专业人才的关键环节。建筑学的演进，无论是对建筑设计专业的要求，还是建筑学学科内容的更新与提高，主要受以下三个因素的影响：建筑设计外部约束条件的变化、建筑自身品质的提升、国家和社会的期望。近年来，随着绿色建筑、低能耗建筑等理念的兴起，建筑学（类）学科教育在课程体系、教学内容、实践环节等方面进行了深刻的变革，但仍存在较大的优化和提升空间，以顺应新时代发展要求。

　　为响应国家"3060"双碳目标，面向城乡建设"碳中和"新兴产业领域的人才培养需求，教育部进一步推进战略性新兴领域高等教育教材体系建设工作。旨在系统建设涵盖碳中和基础理论、低碳城市规划、低碳建筑设计、低碳专项技术四大模块的核心教材，优化升级建筑学专业课程，建立健全校内外实践项目体系，并组建一支高水平师资队伍，以实现建筑学（类）学科人才培养体系的全面优化和升级。

　　"高等学校碳中和城市与低碳建筑设计系列教材"正是在这一建设背景下完成的，共包括18本教材，其中，《低碳国土空间规划概论》《低碳城市规划原理》《建筑碳中和概论》《低碳工业建筑设计原理》《低碳公共建筑设计原理》这5本教材属于碳中和基础理论模块；《低碳城乡规划设计》《低碳城市规划工程技术》《低碳增汇景观规划设计》这3本教材属于低碳城市规划模块；《低碳教育建筑设计》《低碳办公建筑设计》《低碳文体建筑设计》《低碳交通建筑设计》《低碳居住建筑设计》《低碳智慧建筑设计》这6本教材属于低碳建筑设计模块；《装配式建筑设计概论》《低碳建筑材料与构造》《低碳建筑设备工程》《低碳建筑性能模拟》这4本教材属于低碳专项技术模块。

本系列丛书作为碳中和在城市规划和建筑设计领域的重要研究成果，涵盖了从基础理论到具体应用的各个方面，以期为建筑学（类）学科师生提供全面的知识体系和实践指导，推动绿色低碳城市和建筑的可持续发展，培养高水平专业人才。希望本系列教材能够为广大建筑学子带来启示和帮助，共同推进实现碳中和城市与低碳建筑的美好未来！

丛书主编、西安建筑科技大学建筑学院教授、中国工程院院士

前言

在全球气候变化和环境问题日益突出的背景下，我国坚定落实"碳达峰碳中和"目标，对各领域和各行业都提出了温室气体减排的要求。城市作为经济增长和社会活动的主要载体，是温室气体的主要排放源，具有碳排放量占比高、碳减排潜力大的特点。因此，从低碳城市规划工程技术开发与实践入手，积极推动城市规划建设的绿色转型升级，实现经济社会可持续发展和生态环境保护协调统一，是打造低碳城市和助力我国双碳目标实现的关键路径。

《低碳城市规划工程技术》教材属于高等学校碳中和城市与低碳建筑设计系列教材，是依据国家教育部战略性新兴领域"十四五"高等教育教材体系建设要求和低碳城市规划工程领域人才培养要求编写的。本书从我国城市基础设施规划实际出发，融合中国特色低碳城市发展要求和国际前沿进展，融入真实案例及典型解决方案，提供的理论知识和实践案例具有较强的应用性。

全书共7章，第1章主要介绍低碳城市规划工程技术基本内涵、意义和构建原则；第2章到第5章主要讲述与城市"碳中和"新兴领域能源系统、水系统、固废处置系统和综合交通系统等相关的规划工程技术知识，包括系统结构、低碳策略、低碳工程与技术等；第6章和第7章主要讲述低碳城市规划工程技术碳排放核算方法以及相关技术的实施与管理要求。同时，本教材配有课程课件、核心知识讲解范例课程视频、配套建设项目等，数字资源的数据位于高等学校碳中和城市与低碳建筑设计系列教材虚拟教研室中"低碳城市规划工程技术"平台上。

本书由侯全华教授、卢金锁教授、张志强教授共同主编。参与编写的人员有：于洋、吴小虎、侯全华（第1章）；吴小虎、姜学方（第2章）；张志强、卢金锁、张卉、王渲、宋启楠（第3章）；庞鹤亮、杨静、何睿康、张志强、卢金锁（第4章）；侯全华、段亚琼、赵萌（第5章）；吴小虎、倪海燕、庞鹤亮、赵萌、卢金锁（第6章）；董晓、童海燕、侯全华（第7章）。全书由侯全华教授统稿和定稿，由岳邦瑞教授主审。

因编写人员水平所限，加之本书是首次编写，缺点和错误在所难免，恳请读者提出宝贵意见，以使本书在使用中不断更新和完善。

目录

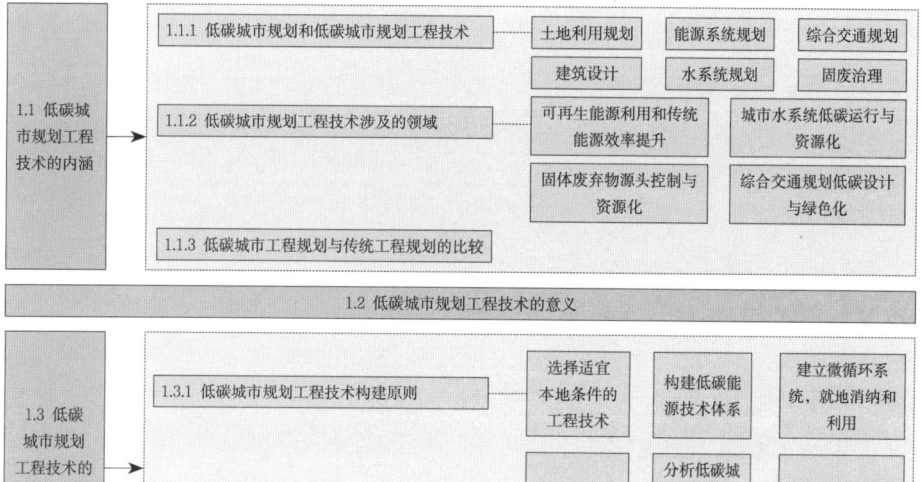

第 1 章 概 述

1.1 低碳城市规划工程技术的内涵

1.1.1 低碳城市规划和低碳城市规划工程技术

土地利用规划　能源系统规划　综合交通规划

建筑设计　水系统规划　固废治理

1.1.2 低碳城市规划工程技术涉及的领域

可再生能源利用和传统能源效率提升　城市水系统低碳运行与资源化

固体废弃物源头控制与资源化　综合交通规划低碳设计与绿色化

1.1.3 低碳城市工程规划与传统工程规划的比较

1.2 低碳城市规划工程技术的意义

1.3 低碳城市规划工程技术的构建原则和规划步骤

1.3.1 低碳城市规划工程技术构建原则

选择适宜本地条件的工程技术　构建低碳能源技术体系　建立微循环系统，就地消纳和利用

1.3.2 低碳城市工程规划的一般步骤

确定各层次低碳规划的编制要求　分析低碳城市规划工程技术的本地适用性，确定应用策略　针对各项技术，编制低碳工程规划标准和指引

1.1.1 低碳城市规划和低碳城市规划工程技术

城市既是经济增长的主要载体，又是温室气体的主要排放源。全球超过50%的人口居住在城市，城市生产、生活消耗了全球66%的能源，造成了全球75%的碳排放，主要来源于建筑、交通、工业等方面。

低碳城市规划是引导城市迈向人与自然和谐共生发展的有效方式。在新的国土空间规划体系下，我国的低碳建设应着眼全域全要素国土空间，城镇开发边界内的城市空间仍是低碳建设的重中之重。

碳达峰碳中和目标要求城市规划从业人员在规划、建设和管理城市时更加注重绿色发展，在规划理念、规划方法和管理手段上不断革新，主要包括：

1）土地利用规划

实施紧凑型城市布局，减少城市扩张和土地消耗；规划混合用途区域，减少居民通勤距离。

2）能源系统规划

推动城市从传统化石燃料转向可再生能源，如太阳能、风能等；规划和建设智能电网和分布式能源系统，提高能源利用效率。

3）综合交通规划

优先发展公共交通系统，减少对私家车的依赖；规划和支持自行车及步行友好型基础设施，鼓励慢行出行；推广电动汽车和新能源汽车，减少交通碳排放。

4）建筑设计

提高建筑能效标准，推广绿色建筑和零能耗建筑；鼓励使用低碳建筑材料和生产工艺。

5）水系统规划

实施节水措施和水资源循环利用，减少能源消耗；优化给水排水网络设计，减少泵送过程中的能源需求。

6）固废治理

推广固体废弃物减量、分类回收和循环利用；发展固体废弃物转化为能源的技术，如垃圾焚烧发电。

其中，涉及能源、交通、水系统、固体废弃物等低碳规划工程技术，需要在城市工程系统规划中予以落实。因此，本书所称"低碳城市规划工程技术"指的是城市规划中的能源、交通、水系统、固废处置等工程系统规划中涉及的相关低碳技术。

1.1.2　低碳城市规划工程技术涉及的领域

低碳城市规划工程技术，主要涉及能源结构优化与可再生能源利用、水系统低碳运行和资源化利用、固废处置与资源化利用等领域。通过城市工程系统在这些领域的规划优化，因地制宜选取相关技术，可以减少城市直接碳排放或间接碳排放。

1）可再生能源利用和传统能源效率提升

鼓励使用可再生能源，如太阳能、风能、地热能，减少对化石燃料的依赖；

优化城市集中供热（冷）系统，提高化石能源使用效率；

建设智能微电网和能源管理系统，实现能源需求侧管理。

2）城市水系统低碳运行与资源化

通过加强供排水管网运行调度管理、降低供水输配过程漏损、控制污水收集和输运过程的温室气体产生和逸散，减少供排水管网运行过程的能量需求和碳排放量；

通过水处理过程的工艺优化、设备优选和可再生能源的使用，降低水处理过程的能量和药剂需求，减少水处理成本；

通过污水再生和雨水资源化利用，减少水资源的抽取、处理和输配过程中的能源和药剂消耗。

3）固体废弃物源头控制与资源化

推广城市固体废弃物资源化处置，完善安全处置与资源化设施，减少固体废弃物的环境污染及处置过程中碳排放；

完善生活垃圾、建筑垃圾、市政污泥、危险废弃物等城市固体废弃物的源头控制、安全处置及资源化处置体系，减少固体废弃物产生量、处置量或最大限度实现资源化利用；

发展城市固体废弃物的物质直接回收利用、二次加工利用、有机质能源化或资源化利用，如路基材料生产、焚烧发电、厌氧发酵产沼气、好氧堆肥等。

4）综合交通规划低碳设计与绿色化

通过多模式联运发展、一体化的公共出行以及对慢行交通系统的推广，促进绿色出行，构建低碳的交通运输结构，降低运输过程中的碳排放。

在道路交通基础设施工程设计和建设过程中，通过采用低碳节能技术和道路空间优化技术，如道路瘦身扩容、交叉口效率提升、道路地下空间利用、道路废旧材料再生循环利用及绿色道路养护等，最大限度地提高道路通行能力，提升交通运行效率，减少交通碳排放量。

通过智能交通设施、智能交通出行、数字交通管理等智慧化交通规划管理手段，提高道路使用效率，减少交通拥堵，减少燃油消耗和尾气排放，提高能源使用效率。

1.1.3 低碳城市工程规划与传统工程规划的比较

低碳城市工程规划是在传统城市工程规划（或称为市政基础设施规划）的基础上，对能源、水系统、固废处置、交通等涉及的电力、供热、燃气、给水、雨水、环卫、道路等子系统，围绕低碳主旨，在规划内容上进行补充，在规划步骤上进行优化，为减少城市直接碳排放和间接碳排放构建顶层框架，见表1-1。

传统城市工程系统规划与低碳城市工程系统规划比较 表 1-1

传统城市工程系统规划			低碳城市工程系统规划	
子系统	步骤	内容	补充内容	优化步骤
供电系统	现状分析	现状电网电压等级、电源变电站规模、用电负荷变化等	可再生能源评估	城市及其周边可再生能源（太阳能、风能、生物质能等）和垃圾焚烧发电潜力评估
	用电负荷估算	按照单位建设用地负荷密度估算总用电负荷	新基建（如汽车充电站、数据中心等）新增负荷和可再生能源发电替代容量	根据城市可再生能源发电潜力评估和用户特点估算可再生能源替代公共电网负荷，提出可再生能源利用率指标
	电源规划	新增或扩容的各等级变电站（330/220kV、110kV、35kV）的布点和容量	用户端分布式电源	光伏电站、太阳能充电站、太阳能路灯、风力发电设施等
	配电网规划	各等级线路（110kV、35kV、10kV）的布置形式、走向和防护要求	用户端微电网	用户微电网布局、接入电网方式和运行方式，蓄电池、充电桩等储能设施布局
供热系统	现状分析	用户供热方式、集中供热负荷与热源容量、热力管网覆盖范围等	非常规热源分析	城市及其周边可再生能源（太阳能、生物质能、地热能等）、垃圾焚烧和余热资源供热潜力评估
	热负荷估算	按照规划建筑节能情况确定单位建设用地负荷密度估算总用热负荷	非常规热源可替代容量估算	给出非常规热源替代率指标建议值

	传统城市工程系统规划			低碳城市工程系统规划	
子系统	步骤	内容	补充内容	优化步骤
供热系统	热源规划	热电厂、区域式热源站的选址、占地、容量、防护要求等	工业余热、太阳能供热、地热（浅层、中深层、污水源热泵等）供热	太阳能建筑一体化设计要求、地热集中供热（冷）设施的布局、占地要求等
	热力网规划	一次热力管网的布置形式、走向、热媒参数等	减小管道传输热损耗	考虑用户非常规热源分布，缩短集中供热管道长度
燃气系统	现状分析	现状燃气类型、用户类型和用气量	新增燃气轮机用户	用户端分布式能源站的燃气需求分析
	用气量估算	按照城市用气类型分类叠加计算，供暖期单独估算	分布式能源站的新增用气负荷	估算冷热电三联供能源子站的天然气需求
	气源选择	天然气为主、液化气为辅	生物质气	确定餐厨垃圾、污水污泥、园林废弃物等制沼气发电的非常规天然气
	燃气输配	燃气门站、储配站、调压站等布局以及各等级燃气管道的走向	分布式能源站	用户端分布式能源子站布局、规模、供能方式等
给水排水系统	现状分析	现状水源类型、城市规模、用户类型、用水量和排水量	再生水回用潜力分析	确定污水再生利用和雨水资源化途径，评估再生水回用方式，评估用水量
	供排水管网规划	根据城市特点，确定供水方式和排水体制，明确供排水管网布置形式、提升泵站位置等	漏损控制、水质控制、污水低碳输运、雨水海绵设施和调度管理等	考虑供水输配过程漏损控制和管理，确定污水输送过程温室气体排放控制方式，考虑海绵设施等雨水洪峰流量调控，结合供排水管网孪生平台及智慧监测手段优化和协调供排水管网的运行管理
	水处理工艺规划	按照处理要求，分析供水、排水、再生水和雨水处理工艺	低能耗技术、设备的选择，可再生能源的使用等	从能耗角度进行处理工艺比选、设备选择、工艺流程和运行优化，充分考虑可再生能源的应用潜力
	排放方式规划	确定受纳水体环境容量，选择排放位置和排放口形式	污水再生利用、雨水资源化利用、污泥资源化利用	确定污水再生、雨水资源化、污泥资源化的途径和利用方式
固废收运处置系统	现状分析及处置量估算	固体废弃物处置现状，估算固体废弃物日产生量及变化	固体废弃物源头控制分析	根据固体废弃物产生源的工艺性质，评估和规划工艺优化方式，减少固体废弃物产量
	固体废弃物性质分析	分析固体废弃物的物理性质、化学性质、生物化学性质等	固体废弃物资源化潜力评估及可回收资源分析	细化固体废弃物组分性质的分析指标，结合当前资源化处置技术要求，评估固体废弃物可直接分离回收物质、热值、有机质含量及生物可降解性等资源化潜力，预测回收资源的经济和环境效益
	收运规划	根据城市区域的固体废弃物产生种类、性质、产生源分散程度等，确定集中处置或分散原位处置，规划收集和运输方式及路线	固体废弃物源头减量及收运方式评价	根据固体废弃物性质，评估源头减量潜力，规划和设计源头减量工程措施；估算收运方式及路线的经济环境效益，比选和优化分类收集、集中/分散原位处置、收运路线等

传统城市工程系统规划			低碳城市工程系统规划	
子系统	步骤	内容	补充内容	优化步骤
固废收运处置系统	处置工程技术规划	根据固体废弃物的性质及环境污染危害,选择处置技术及工艺流程	低碳资源化处置工程技术规划及经济环境效益评估	在安全处置的基础上,优选工程可行的资源化处置技术,规划资源回收产物的利用途径及去向,综合估算和对比不同处置工程技术的经济性和环境效益,有条件地核算和比选不同处置工程技术的碳排放量
综合交通系统	调研和分析阶段	收集和分析现有交通系统的数据,包括交通流量、交通方式、人口分布、城市规划等信息,评估现有交通系统的效率和问题,识别需要改进的方面	能源消耗评估	评估不同交通模式的能源消耗,包括燃料效率和电力使用情况,以确定其对碳排放的贡献
	制定交通系统规划目标	确定综合交通系统规划的长期和短期目标,包括改善交通效率、减少交通拥堵、提高交通安全等	提出中长期减碳降碳可量化目标	这些目标旨在确保交通系统的可持续发展、综合考虑减少碳排放、提高交通效率、改善空气质量、促进城市可持续发展等,确保目标是全面的
	构建交通系统分析模型与方案制定	使用模型来分析交通需求、供应、流量、拥堵等因素。这有助于制定合理的规划方案。制定不同的规划方案,并进行评估,包括技术、经济、社会和环境等多个方面	构建多情景低碳城市交通模型	模型构建包含多种交通方式,能够反映低碳交通策略效果;评估不同交通策略减碳降碳效果,以及这些策略对城市可持续发展的长期影响
	方案实施	选择合适的方案并开始实施。涉及基础设施建设、交通管理措施、政策制定等	推动改进绿色低碳交通实施路径	方案实施侧重于绿色低碳交通体系的构建,主要包括改善绿色交通基础条件、优化交通运输结构、引导低碳绿色出行等

1.2 低碳城市规划工程技术的意义

双碳目标的提出对城市规划提出了新的要求和挑战。低碳城市规划工程技术是推动城市转型升级、实现经济社会可持续发展和生态环境保护协调统一的重要途径,主要包含以下方面:

(1)响应气候变化。随着全球气候变化的影响日益严重,减少温室气体排放已成为全球共识。低碳城市规划有助于降低城市运行中的温室气体排放,是应对气候变化的重要举措。

(2)促进可持续发展。低碳城市规划工程技术强调在满足当代需求的同时,不损害后代满足自身需求的能力。通过高效利用资源、发展绿色能源和交通系统,推动城市可持续发展。

(3)优化能源结构。通过推广使用清洁能源和可再生能源,减少对化石燃料的依赖，优化能源消费结构，提高能源使用效率。

（4）改善城市环境。可以减少空气污染和城市热岛效应，改善城市居住环境，提升市民的生活质量。

（5）推动经济转型。可以促进绿色建筑、新能源、节能环保等产业的发展，推动经济结构优化升级，创造新的经济增长点。

（6）增强城市韧性。提升城市对气候变化等造成的自然灾害的适应能力，增强城市的抗风险能力和社会经济的韧性。

（7）提升城市品牌。实施低碳城市规划工程，建设绿色、生态、环保的城市，可以提升城市形象，增强城市吸引力和竞争力。

（8）引导绿色生活方式。鼓励居民采取绿色出行、节约资源和能源的生活方式，促进社会公众环保意识的提高。

实践项目 某市
低碳城市规划工程
项目建议书

1.3 低碳城市规划工程技术的构建原则和规划步骤

1.3.1 低碳城市规划工程技术构建原则

1．选择适宜本地条件的工程技术

并非所有低碳先进技术都适合本地应用，应通过研究进行筛选，确保技术应用的可靠、灵活、低成本。应先建立综合评价指标体系，考虑区位、资源禀赋、技术成熟度、本地需求、经济可行性、政策可行性等因素，判断低碳先进技术在当地的应用适宜程度，避免脱离实际应用而刻板地堆砌技术。技术选择应重视人的使用和体验，提供最大限度的便捷和舒适，兼顾示范价值和成本最优。根据以上原则，筛选适用的先进市政技术，形成综合的应用策略，并在详细规划中进行落实。

2．构建低碳能源技术体系

在能源供应侧挖潜，基于本地的资源条件，最大限度地利用可再生能源，实现多样化的能源供应，保障能源安全；在能源需求侧增效，采用先进的能源利用与转换技术，实现区域能源的梯级利用，在经济技术可行的基础上最大化能源利用效率。如构建智能微网，在负荷中心就近实现能源供应，耗能与产能结合，天然气能源与生物质能结合，城市电网与智能微电网互相支撑，实现低碳城市能源的安全供应。

3．建立微循环系统，就地消纳和利用

初期雨水就地生态处理，废弃物分类资源化，废物和废水通过源头减量、再生利用和有机循环，支持稳定的人工生态系统。结合管网设置调蓄和生态处理设施，对初期雨水进行就地净化和利用；结合现状污水处理厂建设再生水厂，回用于工业、市政杂用、绿地浇洒和生态补水；餐厨垃圾用于生物柴油和肥料制备；生活垃圾用于发电和制冷制热；建筑废物用于再生建材等。

1.3.2　低碳城市工程规划的一般步骤

低碳城市工程规划可从低碳工程技术的适宜性分析入手，基于问题和目标双导向，形成具有本地特色的规划策略。在此基础上对接相关标准和规范，制定设施规划布局的控制性标准和新兴技术应用的引导性指引。一般可按如下步骤进行：

1．确定各层次低碳规划的编制要求

通过对已编制的低碳市政规划及相关研究项目进行分析总结，提炼不同层次规划编制的共性要求。明确总体规划、详细规划等不同层次低碳城市工程规划的深度、内容和成果要求，以及与相关专项规划的衔接要求。

2．分析低碳城市规划工程技术的本地适用性，确定应用策略

对水资源集约节约利用、能源清洁高效利用、废弃物减量资源化、智慧交通等大类低碳工程技术进行适用性分析评估。通过剖析低碳工程技术的主要技术特点和关键适用条件，确定本地适用条件；并引入经济成本分析，分析现阶段应用各项低碳工程技术的经济可行性，进而确定适用于本地的技术应用策略，包括适用范围、前提条件、推广力度、建设时序等。

3．针对各项技术，编制低碳城市工程规划标准和指引

针对污水再生利用、低影响开发、部分清洁高效能源利用技术和废弃物减量资源化技术，增加量化的规划标准。针对新兴低碳工程技术，如天然气分布式能源、区域供冷、太阳能利用等，提出引导性的规划指引。

课后习题

1．低碳城市规划工程技术措施有哪几类？哪些属于减少直接碳排放，哪些属于减少间接碳排放？

2．与传统市政基础设施规划相比，低碳城市工程系统规划需要增加哪些内容？

第
2
章

低碳城市能源系统规划工程技术

2.1.1 城市能源系统的组成

城市能源供应系统通常包括以下几个主要部分：

能源生产——能源供应系统的起始点，包括各种能源的生产设施，如火力发电厂、水力发电站、核电站、太阳能发电站、风力发电站、生物质能发电厂等。这些设施将一次能源（如化石燃料、水能、风能、太阳能、生物质能等）转换为二次能源（如电力、热力、燃气等）供给城市使用。

能源传输和分配——将生产出的能源从生产地输送分配给用户。电力系统通常由高压输电线路和变电站将高压电转换为中低压电，并经过配电网分配给最终用户；燃气系统一般经长距离的输气管道将燃气送到城市门站和调压站，后经城市分配网络输送到末端用户；热力系统一般通过一次高压热力管道，经热交换站由二次分配管网输送热能到末端用户。

储能系统——为了平衡能源供需的波动，城市能源供应系统还需要包括储能设施，如电池储能系统、压缩空气储能、抽水蓄能等。这些储能系统可以在能源需求高峰时释放能量，或在能源过剩时储存能量。

城市能源主要用于以下领域：

（1）城市建筑、工业和交通等对电力的需求；

（2）建筑冬季供暖用热、制备生活热水用热以及某些特殊功能建筑（如医院）对蒸汽的需求；工业企业（如机械制造、电子、纺织、印染、皮革、造纸、食品加工等）生产过程中对热量的需求；

（3）燃气主要用于建筑炊事和其他热量需求；通过锅炉为建筑和工业提供热量；作为某些需要燃烧的工业过程的燃料；部分车辆的燃料和部分火电的燃料。

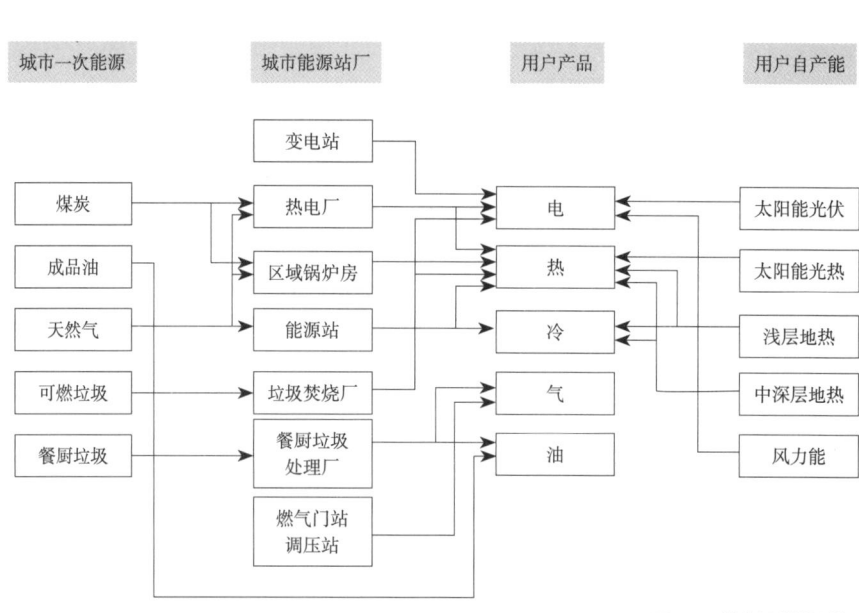

图2-1 城市低碳能源体系

城市规划中涉及的能源体系主要有供电系统、供热系统和燃气系统。除了燃气属于一次能源和化石能源外，电力和热力均属于二次能源，由其他一次能源转换而来。因此城市能源低碳化的重要手段就是用新能源和可再生能源替代化石能源，作为电力和热力生产的一次能源。

城市低碳能源系统规划工程要同时在能源生产、输配和使用三个环节，实施减碳技术，在传统能源供应侧节能减排的同时，在用户侧积极融入分布式可再生能源技术，协调供应侧和用户侧的关系，如图2-1所示。

2.1.2 城市能源系统规划的低碳策略

1．能源结构调整

能源结构调整转向为以清洁能源为主是减少碳排放的关键。按照国家相关文件要求，有条件的地区加快发展风力发电、太阳能发电，例如推进以沙漠、戈壁、荒漠地区为重点的大型风电光伏基地项目建设，积极推进黄河上游、新疆、冀北等多能互补清洁能源基地建设；积极推动工业园区、经济开发区等屋顶光伏开发利用，推广光伏发电与建筑一体化应用；建设海上风电基地；积极发展太阳能热发电等。推进地热能供热制冷，在具备高温地热资源条件的地区有序开展地热能发电示范。

2．构建新型电力系统

（1）推动电力系统适应大规模高比例新能源发电接入：以电网为基础平台，增强电力系统资源优化配置能力，提升电网智能化水平，推动电网主动适应大规模集中式新能源和量大面广的分布式能源发展。建设智能高效的调度运行体系，探索电力、热力、天然气等多种能源联合调度机制，促进协调运行。以用户为中心，加强供需双向互动，积极推动源网荷储一体化发展。

（2）加快新型储能技术规模化应用：大力推进电源侧储能发展，合理配置储能规模，改善新能源场站出力特性，支持分布式新能源合理配置储能系统。优化布局电网侧储能，发挥储能消纳新能源、削峰填谷、增强电网稳定性和应急供电等多重作用。积极支持用户侧储能多元化发展，提高用户供电可靠性，鼓励电动汽车、不间断电源等用户侧储能参与系统调峰调频。

3．减少能源产业碳足迹，大力推动煤炭清洁高效利用

严格合理控制煤炭消费增长。大力推动煤电节能降碳改造、灵活性改造、供热改造"三改联动"。新增煤电机组全部按照超低排放标准建设、煤耗标准达到国际先进水平。持续推进北方地区冬季清洁取暖，推广热电联产

改造和工业余热余压综合利用，逐步淘汰供热管网覆盖范围内的燃煤小锅炉和散煤，鼓励公共机构、居民使用非燃煤高效供暖产品。

2.1.3 低碳城市能源系统规划的内容和步骤

1．主要内容

城市能源体系规划中，能源结构优化和可再生能源利用规划是降低温室气体排放的重要手段。自然资源部发布的《市级国土空间总体规划编制指南（试行）》中明确要求"制定能源供需平衡方案，落实碳排放减量任务，控制能源消耗总量。优化能源结构，推动风、光、水、地热等本地清洁能源利用，提高可再生能源比例，鼓励分布式、网络化能源布局，建设低碳城市"。

能源结构优化和可再生能源利用能减少对化石燃料的依赖，提高能源利用效率，并确保能源供应的稳定性和安全性。规划主要内容包括：

（1）资源评估：对城市及其周边地区的太阳能、风能、水能、生物质能、地热能等可再生能源资源进行详细的评估，确定可开发利用的潜力和最佳开发方式。

（2）能源需求分析：分析城市现有的能源消费模式和未来发展趋势，预测城市在工业、建筑和交通等领域的能源需求。

（3）能源供应规划：根据资源评估和能源需求分析的结果，规划新能源和可再生能源的供应体系，包括能源生产设施的位置、规模和技术选择。

（4）需求侧能源系统规划：设计适应新能源特性的电网系统，包括智能电网的建设和储能技术的发展，以确保能源供应的稳定性和灵活性。

（5）政策法规制定：制定相应的政策法规，包括新能源补贴、税收优惠、绿色证书制度等，激励新能源和可再生能源的开发和利用。

2．可再生能源评估

可再生能源评估为城市能源规划和决策提供依据。评估内容主要有：

对不同类型的可再生能源资源（如太阳能、风能、水能、生物质能、地热能等）进行潜力评估。这包括分析资源的分布、密度、质量、可利用时间和稳定性等。

评估利用可再生能源资源的技术可行性，包括现有技术的成熟度、成本效益、环境影响和技术限制等。

评估可再生能源项目对环境的潜在影响，包括生态系统影响、土地使用、噪声污染、视觉影响等。

对可再生能源项目的经济可行性进行评估，包括投资成本、运营维护成本、能源产出、收益预测和投资回报期等。

评估现有能源基础设施（如电网、天然气网络等）对可再生能源项目的接入能力和限制，以及可能的改造或扩建需求。

3．能源需求分析

传统城市总体规划中，能源需求预测主要包括供电系统、供热系统和燃气系统的负荷或用量的估算，较少考虑新能源和可再生能源在城市中的应用。能源需求分析应在可再生能源评估的基础上，预测太阳能、风能、水能、生物质能、地热能等在工业、建筑、交通等领域的应用模式和替代传统能源比例。如在工业园区规划"绿色微电网+储能系统"，实现小型风机、光伏发电、储能、燃气轮机等分布式电源供电，可再生能源就地消纳率不小于90%。对居住用地、公服和商服用地提出光伏光热建筑一体化设计要求，以及光伏发电、太阳能供热制冷、浅层和中深层地热供暖、污水源热泵供热制冷的负荷占比等要求。对道路交通领域的太阳能路灯、太阳能充电桩等做出位置、容量和替代公共电源比例的要求。

4．能源供应设施规划

对可再生能源设施单独占地，或与传统能源设施用地甚至其他类用地兼容性在总体规划中予以明确，如光伏电站、太阳能充电站、分布式能源子站、地热井群、垃圾焚烧发电站等。

5．用户需求侧能源系统规划

传统的城市能源系统规划，过于偏重能源供应端规划，已经不能满足实际发展需求，由此催生了用户需求侧能源规划。

需求侧能源规划将促进用户端由原先的能源消费侧，转变成集能源消费和能源生产于一身，接入分布式可再生能源，有效推进终端用能的清洁化和低碳化。需求侧能源规划基于综合资源规划理论，在技术路线和方法手段上与传统能源规划有所区别，详见表2-1。

传统供应侧能源规划与用户需求侧能源规划比较　　　　　　表2-1

项目	传统供应侧能源规划	用户需求侧能源规划
技术路线	基于可靠性和经济效益最大化原则	基于综合资源规划理论，终端节能资源化
	单源系统，以化石能源为主	多源系统，集成可再生能源
	大集中系统，垂直化管理	能源互联网，扁平化管理
	适应工业化时代需求，高温高压高品位能源产品，稳定负荷	适应后工业化时代需求，低温低压低品位能源产品，变动负荷

项目	传统供应侧能源规划	用户需求侧能源规划
技术路线	集中产能，远程输送	现场产能，用户既是消费者，也是生产者。通过能源互联网互联互通
技术方法	从上到下的规划思想	从底到顶的规划思想
	负荷预测采用极端用能情况下的高峰负荷	用户采用节能措施后的减量化负荷
	选择大机组集中式系统	分布式产能，灵活运行
效益分析	用户对能源供应方式只有唯一选择	用户有多种选择。系统运行商业化模式，灵活的价格机制
	投资主体单一	多个投资主体，多种投资形式。适合采用PPP模式

注：参考《城区需求侧能源规划和能源微网技术（上册）》（龙惟定等）绘制

充分掌握了低碳城市能源系统规划的内容和步骤后，我们就可以将城市能源系统的相关低碳技术，充分合理地应用于城市能源体系的相关规划中，更好地指导低碳能源系统建设。

2.2 城市太阳能利用规划工程技术

2.2.1 太阳能利用规划工程技术应用领域

1．太阳能利用技术类型

太阳能既是一次能源，又是可再生能源。它资源丰富，可就地利用，对环境无污染；但是，到达地球表面的太阳辐射能量不均匀，密度较低，因此设备造价高，维护管理较复杂。

近几年来，太阳能技术发展非常迅速，太阳能利用大致可以分为以下四类。

1）光热利用

它是先将物质与物质之间加以利用，使其转变为热，并聚集起来然后再加以利用。目前使用最多的装置主要有平板型集热器、真空管集热器和聚焦集热器等。根据太阳光所达到的温度和用途可以将太阳能光热利用分为高温利用（＞800℃）、中温利用（200～800℃）和低温利用（＜200℃）。

2）太阳能发电

太阳能发电具有安全可靠、无噪声、无污染、可与建筑物相结合等优点。太阳能发电方式目前主要有以下两种：

（1）光—热—电转换。基本原理是利用集热器，将太阳辐射能转换成热能并通过热力循环过程进行发电。前一过程为光—热转换，后一过程为热—

电转换。现有的太阳能热发电系统大致有三类：槽式线聚焦系统、塔式系统、碟式或斯特林系统。

（2）光—电转换。根据光伏效应将太阳辐射能直接转换为电能，它的基本装置是太阳能电池。

光伏发电是指利用一种能产生"光伏效应"的器件来发电，其载体是太阳能电池，商业化的产品是以电池板组件的形式直接转换太阳的辐射能。光伏发电产生的电能应用大致分两种：

一种是独立应用，可细分为分布式和单户独自使用。尤其是在偏远山区和海岛中，光伏发电的独立应用就显得非常灵活。另一种是并网应用，就是将光伏电站产生的电能，输入到广阔的城市用电市场。从最初的辅助能源，逐渐向着替代，乃至成为发电主力的能源形式的方向发展，最终实现"平价上网"的目标。

3）光化学利用

它是基于太阳辐射能直接分解水制氢的光—化学转换方式。太阳能分解水制氢可以通过三种途径来进行：分别为光电化学电池、光助络合催化、半导体催化。

4）光生物利用

通过植物的光合作用来实现将太阳能转换成为生物质的过程。目前主要有速生植物（如薪炭林）、油料作物和巨型海藻。

太阳能利用最便捷的方式是太阳能发电。现今的太阳能发电主要包括两大方面，一是光热发电，二是光伏发电，其中光伏发电技术成本逐年降低，且灵活方便，因此其发电容量占据绝大多数。光热发电是需要在直接辐射太阳能较高的地方，并辅以聚光条件才能具有利用价值。

2．城市太阳能利用技术方式

城市中的太阳能主要应用于建筑物的屋顶光伏系统、太阳能热水系统以及太阳能灯具等。

屋顶光伏系统的主要优势包括：实现可再生能源高效利用、减少对传统能源的依赖、降低能源成本、减少碳排放、延长电力供应时间等。它在城市建筑中的应用越来越普遍。

太阳能热水系统的优势主要是系统简单，成本低廉，太阳能利用效率高，减少燃料消耗和能源成本，减少温室气体排放等。

太阳能灯具不需要外部电源、节省能源成本、环保、易于安装和维护等。它们常用于户外照明，如街道照明、花园灯等，特别是在电网无法覆盖的场合得到广泛应用。

2.2.2 太阳能发电规划工程技术

1. 太阳能发电形式

太阳能发电是对太阳能最便捷的利用方式。其中光伏发电技术成本逐年降低，且灵活方便、建设周期短，是目前应用最广、装机容量占比最大的太阳能发电形式。总体规划中，应提出光伏发电目标和并网形式，将光伏发电纳入能源系统规划。推广建筑光伏一体化（BIPV）设计和公共建筑、公园绿地、交通设施中利用分布式光伏发电技术，提高能源自给率。

光热发电应布局在直接辐射太阳能较高的地区，并辅以聚光条件，利用太阳光聚焦热能产生蒸汽，驱动涡轮机发电。光热发电系统通常包括太阳能集热器、热储存装置和发电系统三部分。目前，我国共有11座光热电站并网发电，总装机容量570兆瓦，其中敦煌100兆瓦熔盐塔式光热电站被称为"超级镜子发电站"，在260m高的吸热塔周边环绕了1.2万多面定日镜，可实现24小时连续发电，年发电量达到3.9亿千瓦时，每年可减少二氧化碳（CO_2）排放35万吨。

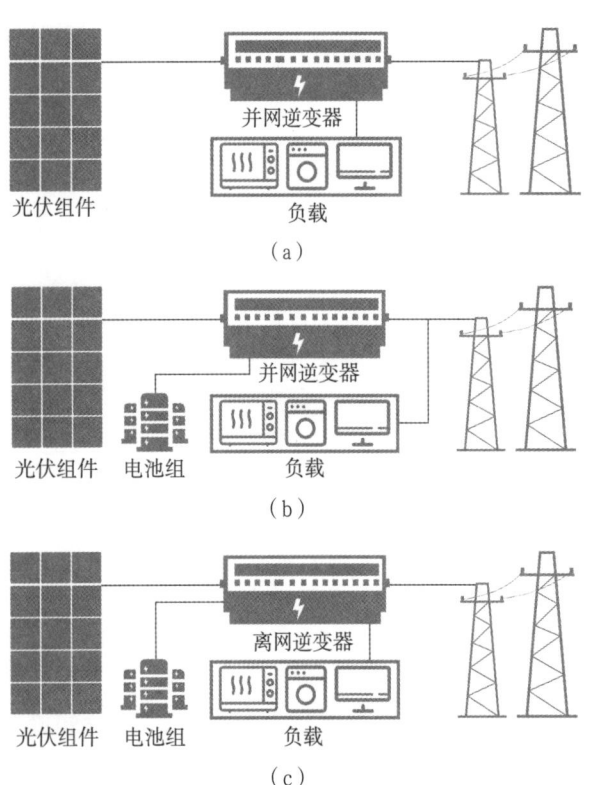

图2-2 太阳能光伏发电方式
（a）光伏并网系统；（b）光伏并网储能系统；
（c）光伏离网储能系统

2. 城市分布式太阳能发电和微电网

太阳能分布式电源是指将光伏发电系统分散地安装在用户侧，通常安装在屋顶、墙面、阳台等地方，产生的电力主要自用，多余的部分可以反馈到电网中。这种"自发自用，余电上网"模式，不但可以降低电费支出，余电回送还能获得相应的电费补偿，如图2-2所示。

太阳能分布式电源结合用户布置，靠近用电端，可以减少远距离输电的线损。公共电网故障时，分布式电源可为重要负荷提供电力，提高电网的可靠性。

太阳能发电还可嵌入微电网中，在公共电网停电，或与主电网断开连接时，微电网可以独立运行。微电网通常由太阳能光伏阵列、储能系统、逆变器、负载和控制系统等部分组成，如图2-3所示。

太阳能微电网的优势是可以提高能源供应的可靠性。长期来看，微电网可

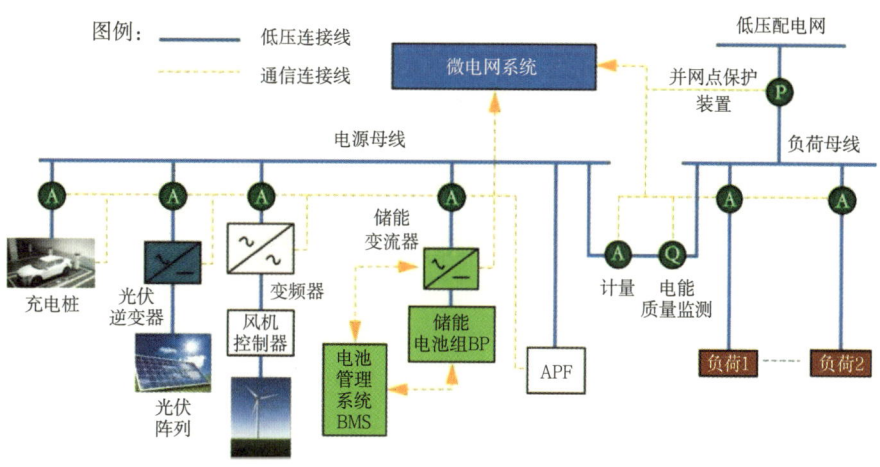

图2-3 微电网的典型结构

以减少电费支出，尤其在偏远地区、海岛、军事基地、防灾应急避难场所等，省却了建设长距离输电线路的成本。微电网可以根据需要扩展增加更多的可再生能源，以适应负载的增长。

2.2.3 太阳能供热规划工程技术

太阳能供热规划工程技术主要包括被动式太阳房、太阳能供暖和空调、太阳能热水器等类型。

1．被动式太阳房技术

被动式太阳房主要适用于独立式住宅和部分公共建筑，尤其是在北方农村地区较为常用。乡村规划中，被动式太阳房供热需要综合考虑当地的气候条件、建筑法规、环境标准以及居民的生活习惯等。通过建筑设计和材料选用，最大化太阳热能的收集、存储和分配，不仅能够提供舒适的居住环境，还能显著降低建筑的能耗和运营成本，主要有以下四种形式，如图2-4所示。

（1）直接受益式太阳房：它是最常见的被动式太阳房，通过在南向墙壁上安装大面积的窗户，允许太阳光直接进入室内，从而加热室内空气和固体表面。为了防止夏季过热，通常会设计遮阳设施，如百叶窗、遮阳板等。

（2）集热蓄热墙式太阳房：建筑南侧设置一种特殊的墙体，称为集热蓄热墙。这种墙体通常为高热容材料（如混凝土、砖石），并涂有深色吸热涂层。白天，墙体吸收阳光辐射热量并储存起来，夜晚慢慢向室内散热。

（3）附加温室式太阳房：在原有建筑的南侧，增加一个独立的温室结构，温室通过玻璃等透明材料收集太阳光的热量，然后加热室内空气。温室与房间内部设有通风口，可以控制热量的交换。

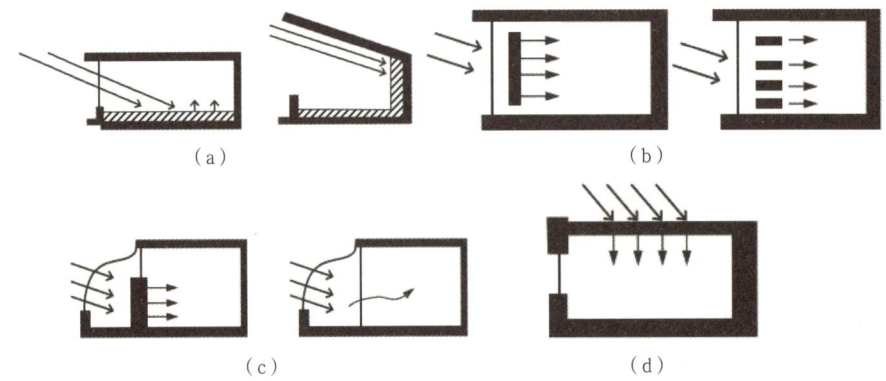

（a）　　　　　　　　　　　　　　　　　（b）

（c）　　　　　　　　　　　　　　　　　（d）

图2-4　被动式太阳房的几种形式
（a）直接受益式；（b）集热蓄热墙式；（c）附加温室式；（d）屋顶集热蓄热式

（4）屋顶集热蓄热式太阳房：这种太阳房结构复杂，在我国较少采用。

2．主动式太阳能供暖技术

主动式太阳能供暖是利用太阳能收集设备（如太阳能集热器）来收集太阳能量，并通过流体循环（如水或防冻液）将热量传递到建筑内部，以实现供暖目的。与被动式太阳能供暖不同，主动式系统通常需要使用泵、风扇或其他机械设备来转移和分配热量，如图2-5所示。

太阳能主动供暖适用于从小型住宅到大型商业和公共建筑的各类建筑。虽然初始投资较高，但长期来看，主动式太阳能供暖系统能够显著减少建筑对化石燃料的依赖，降低温室气体排放。系统的规划设计应统筹考虑多个因素，包括当地气候条件、建筑特性、能源需求、系统效率和成本效益等。

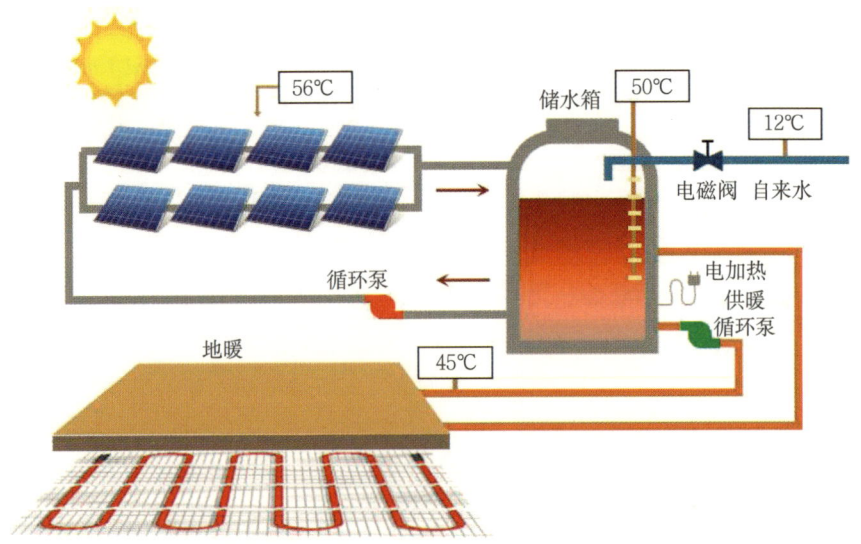

图2-5　主动式太阳能供暖系统

3．太阳能空调技术

太阳能空调技术通常结合了太阳能集热器和制冷循环系统，有时还包括储能系统，以确保在没有阳光的情况下空调系统正常运行。太阳能集热器是太阳能空调系统的核心，有真空管式、平板式和聚焦式。太阳能空调系统通常使用传统的制冷循环（如蒸汽压缩循环）来提供制冷效果。太阳能集热器产生的热能可以用来驱动制冷剂循环，从而实现制冷。太阳能空调系统也可以采用吸收式制冷机或吸附式制冷机，这些制冷机使用热量而不是电力来驱动制冷循环，如图2-6所示。

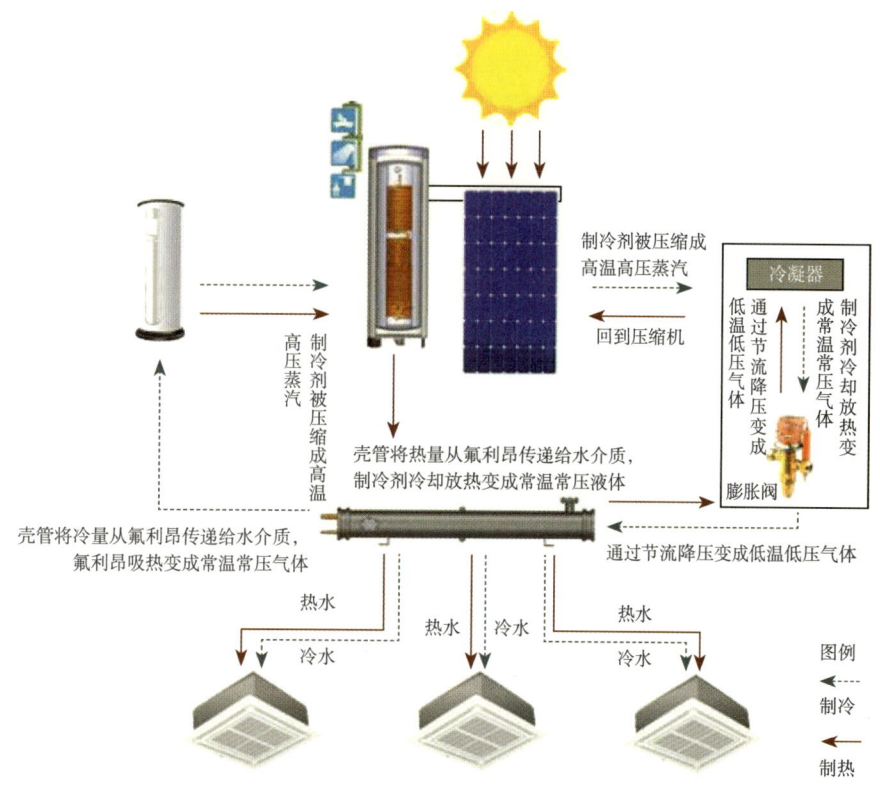

图2-6　太阳能空调系统

4．太阳能热水器

包括集中式和分散式两种形式。

集中式太阳能热水器通常安装在建筑物的屋顶或特定区域，为整个建筑提供热水。这种系统便于集中管理和维护，有利于建筑一体化设计。集热器在屋顶集中放置，有利于采光和最大程度利用太阳能。但是，这种系统的循环管路较长，可能导致热损失，需要专人管理和维护。集中式系统可以集中供热水，也可以通过换热器分户供热。

分散式太阳能热水器（也称为分户式）则安装在各个住户的阳台或屋顶。这种系统可以满足不同用户的需求，直接为用户提供热水，减少了热损失。分散式系统通常包括直插式、分体壁挂式和构件式等类型。直插式系统成本低、热效率高，但可能存在冬季易冻管或夏季易爆管的问题。分体壁挂式系统适合高层建筑安装，但可能存在热效率低和介质加热后挥发的问题。构件式系统则以其集热效率高、安全可靠和对建筑立面形象影响较小而受到普遍应用。

2.2.4　太阳能利用的其他技术

实践项目 电动汽车充电设施规划案例

1．太阳能电动汽车 / 两轮车充电桩

随着新能源汽车和自行车数量的增加，电网充电桩负荷急剧增加。城市或社区规划中，应考虑如何整合太阳能发电技术与电动汽车/两轮车充电设施。

规划选址应选择阳光充足的地点，同时考虑电动车的使用模式，将充电桩安装在便于访问的地点，如停车场、商业区、交通枢纽等；根据预期充电需求和当地太阳能资源禀赋，确定系统的安装容量；考虑夜间或阴天充电服务需要，需配置储能系统如蓄电池等，储能系统还可以平滑电网负荷，提高电网的稳定性。

太阳能充电桩可以通过微电网与公共电网连接，实现电力双向流动（即太阳能过剩时向电网输送电力，不足时从电网购买电力）。根据电动车的种类和用户需求，选择合适的充电桩类型（如慢充、快充）和数量。

2．太阳能路灯

太阳能路灯是一种利用太阳能发电来提供照明的户外照明系统，其关键组件通常包括太阳能光伏板、储能装置、控制器、光源、灯杆和支架。太阳能—风能发电互补型路灯如图2-7所示。

太阳能路灯使用各种类型的光源，包括传统的白炽灯泡、紧凑型荧光灯（CFL）、发光二极管（LED）等。LED灯因其高能效和长寿命而成为最常用的选择。

太阳能路灯的优点包括：环境友好，可以减少温室气体排放；采用LED作为光源，高效节能；无供电线路，安装简便，维护成本低；虽然初始投资较高，但长期成本效益好。

规划设计时，应根据不同的使用环境（如道路、公园、停车场）确定合适的照明强度和范围；选择合适的电池容量和预期寿命；使用智能控制系统，实现远程监控、故障诊断和照明模式的调节。

风力发电机　太阳能电池板　LED灯

风光互补控制器　蓄电池

图2-7　太阳能—风能发电互补型路灯

2.3.1　地热能利用领域

不同温度的地热能，其利用形式也多种多样。常见的地热能直接利用形式及对应温度范围见表2-2。

常见的地热能直接利用形式及对应温度范围　表2-2

分类	水热型地热能			干热岩地热能
	低温	中温	高温	
温度t	$t<90℃$	$90℃≤t<150℃$	$t>150℃$	$t>200℃$
应用领域	沐浴、水产养殖、土壤加热等	生活热水、供暖、制冷、双循环发电、工业干燥、脱水加工等	双循环发电、制冷、工业干燥、工业热加工等	直接发电及综合利用

城市规划中，常采用地热能作为清洁供热的重要能源之一，主要包括浅层地热能（通常小于200m深）和中深层地热能的开发利用。

2.3.2　城市浅层地热能供热技术

地源热泵（也称为土壤源热泵）供暖技术是一种利用地下常温土壤温度相对稳定的特性来进行供暖和制冷的技术，属于浅层地热。这种技术通过埋设于建筑物周围的管路系统与建筑物内部完成热交换。土壤源热泵以土壤作

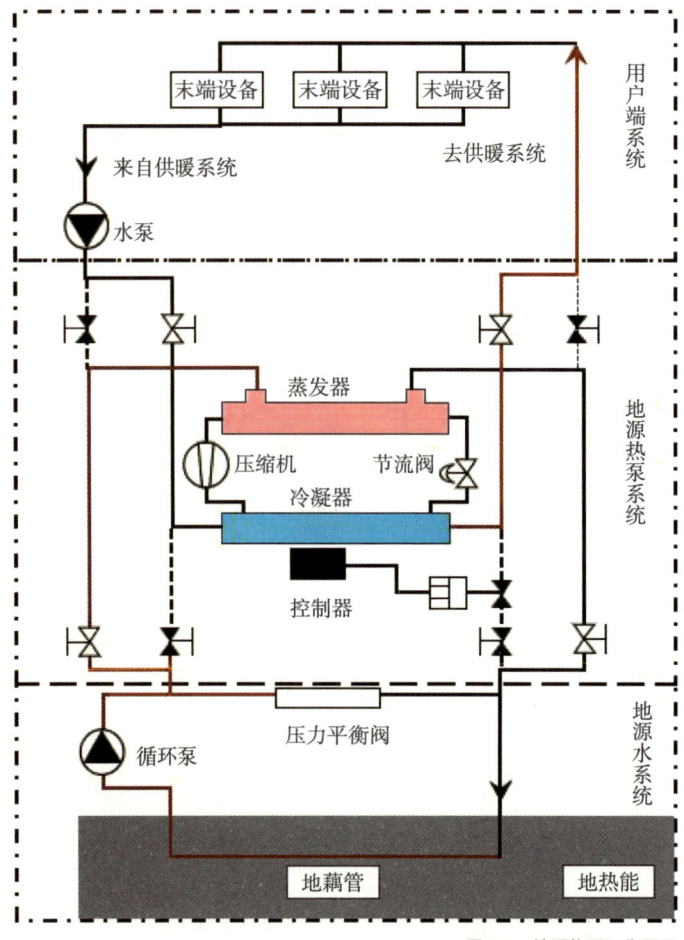

图2-8　地源热泵工作原理

为热源和冷源，通过高效热泵机组向建筑物供热或供冷。热泵机组输入少量的高品位能源（如电能），可实现能量从低温热源向高温热源的转移。

地源热泵供暖空调系统主要分为三部分：地源水系统、地源热泵系统和用户端系统，工作原理如图2-8所示。它利用地下浅层地热资源，既能供热又能制冷，具有高效节能的特点。在性能方面，地源热泵具有节能高效、性能稳定和投资回报高等特点。地下温度稳定，不受室外环境空气变化温度的影响，主机制冷热稳定，系统的运行费用相对较低。

2.3.3　城市中深层地热能供热技术

深层地热资源的埋深通常超过3000m，可分为干热岩和水热系统。相比之下，中深层地热资源一般介于200m和3000m之间，其开采系统可以细分为水热系统中的对流换热系统（在含水层中布置开采井和回灌井）和传导换热系统（深井换热系统DBHE）。中深层地热源热泵适用性更广泛，系统寿命更长。其热源井深度为2000～3000m，孔径约200mm，占地面积较小，钻孔位置选定比较灵活，与常规地源热泵相比更不易受场地条件制约。

城市规划应鼓励开展中深层地热能集中利用，探索不同地热资源品位的供暖利用模式和应用范围。同时，提倡地热区块整体开发的方式，以推动地热能供暖的规模化发展，并鼓励推广"地热能+"多能互补的供暖形式。特别是在北方严寒、寒冷地区，地热能可以通过分布式方式满足供暖需求，或通过高温热泵提温后送入城市供热管网，从而更大范围地发挥地热供暖的优势。

2.4 城市风能利用规划工程技术

2.4.1 风能利用适用领域

城市风能利用可以在城市绿地、公园、广场等场所，安装风力发电设施，为周边区域提供清洁电源；小型风力发电系统可以用于郊区小型商业场所和独立式住宅，屋顶安装小型风力涡轮机，为建筑供电。风力发电还可以用来为电动汽车充电站提供电力。结合太阳能和风能的混合动力路灯可以在光照不足时提供稳定的照明；紧急情况下，风力发电可以为城市重要区域提供照明。

2.4.2 城市风力发电技术

城市风力利用规划应特别注重风电项目与城市的融合，城市规划中应充分考虑风电设施的布局，减少对城市景观和居民生活的影响。

城市风电场选址需要综合考虑风能资源的可用性、土地利用现状、基础设施条件以及对城市交通和居民生活的影响。优先选择城市边缘地区、工业园区或废弃工业用地，以减少对城市中心区域的影响。

城市风电项目规划应设定合理的防护距离标准，确保风电场与居民区之间有足够的缓冲区。风电设施的设计应与城市景观相协调，避免对城市天际线和视觉美感造成负面影响。应对风电塔的外观进行艺术化处理，使其成为城市景观的一部分。此外，风电场的布局应考虑到城市绿化和公共空间的规划，以实现绿色能源与城市生态的共生。

在建筑设计层面，风力发电规划关注于如何将风力发电技术与建筑设计相结合，实现能源的自给自足。高层建筑和大型公共设施可以作为风力发电的潜在载体，通过屋顶风电系统或建筑一体化设计，提高能源利用效率。采用风电建筑一体化等适当方法，利用城市特有的风环境进行高效的风力发电。

我国化石能源长期在能源系统中占主体地位，但近年来占比持续下降。2020年，全年能源消费总量为49.8亿吨标准煤，其中化石能源消费占比仍近85%（煤炭、石油和天然气消费量分别占能源消费总量的56.6%、18.9%和8.4%），如图2-9所示。因此，化石能源高效利用是我国碳达峰碳中和的关键。实现化石能源高效、清洁、低碳利用，是推动能源革命和转型的重中之重。

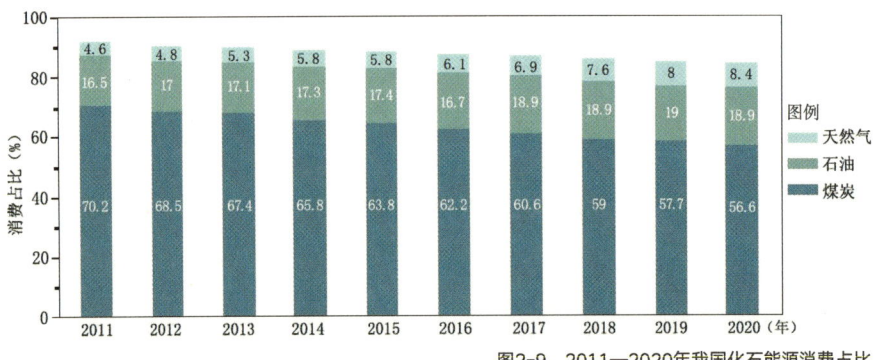

图2-9　2011—2020年我国化石能源消费占比

2.5.1　集中式热电联产技术

热电联产（Combined Heat and Power，CHP），是利用热机或发电站同时产生电力和热力。热电联产是高效的能源转换方式，满足能源"梯级利用，品位对口"原则，高品位热用于发电，低品位热用于供热，容量越大，效率越高，并可实现超低排放，是城市集中供热的主热源。大型燃煤热电联产机组的热效率通常由纯凝汽电厂的30%～40%提高到60%～70%，如果能够充分回收余热（例如湿冷机组循环水或空冷机组乏汽余热、烟气余热），热效率可以进一步提高到80%～90%。

大型热电联产集中供热系统如图2-10所示。

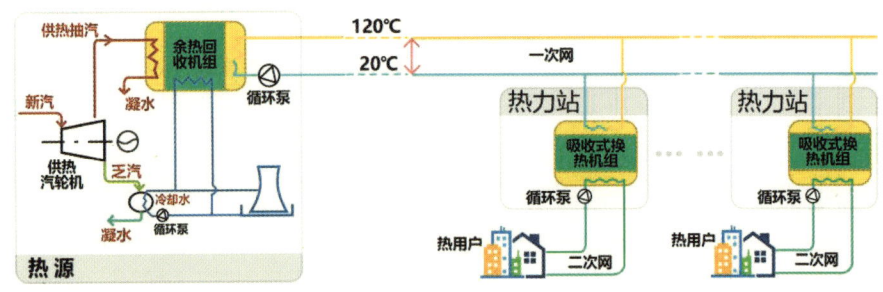

图2-10　大型热电联产集中供热系统示意图

2.5.2 工业余热废热回收利用技术

通过回收和再利用工业过程中产生的余热，从而降低能耗、提高能效，同时实现碳减排。工业余热资源广泛存在于各种工业生产过程中，包括烟气余热、冷却介质余热、废气废水余热等。工业余热废热回收利用的主要技术包括：

（1）热交换技术：通过换热设备，如空气预热器、回热器、加热器等，将余热能量直接传递给工艺流程，降低一次能源消耗。这种方式不改变余热能量的形式，而是通过换热设备直接传递能量。

（2）热功转换技术：这种技术可以提高余热的品位，如吸收式、吸附式制冷系统，它们可以利用廉价能源，避免电耗，具有显著的节电效果。这类技术适用于大规模热量回收。

（3）余热制冷制热技术：利用热泵系统，通过消耗一部分电能或机械能，将低温余热源的热量"泵送"到高温热媒，从而实现节能降耗。

直接换热技术是目前应用最多、相对较成熟的工业余热回收技术。这种技术在保持能量形式不变的条件下，通过热交换将其中的余热资源返回到系统内部满足自身工艺需要或者产生热水供厂区及周边民生供暖使用，如图2-11所示。

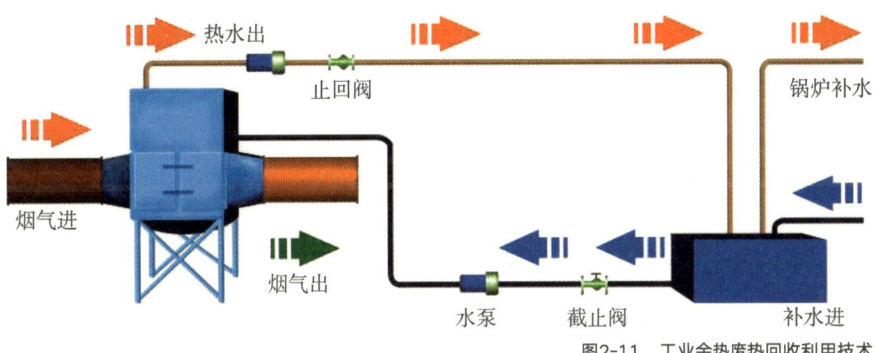

图2-11 工业余热废热回收利用技术

2.5.3 冷热电三联供技术

冷热电三联供技术一般以天然气分布式能源为燃料，通过利用燃气轮机或燃气内燃机进行发电，同时对产生的余热（烟气、热水）进一步进行回收，将一次能源（天然气）转化为冷、热、电等形式能源就近消纳，实现能源高效利用，这种能源梯级利用的综合效率超过70%（最高可达到90%），余热转化后的形式多以空调冷水、供暖热水与生活热水为主，如图2-12所示。

系统常年均可以发电和提供生活热水，夏季以余热制冷为主，冬季以余热供暖为主。相较于传统分散供能方式，具有能效高、清洁环保、安全性能

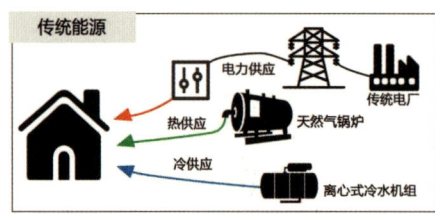
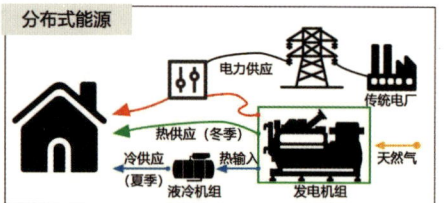

图2-12 传统能源与分布式能源供应方式对比

好、削峰填谷、经济效益良好等优点。系统靠近用户，独立输出冷、热、电三种形式的能源，天然气利用率高，大气污染物排放少。

天然气分布式能源可分为区域分布式能源（DES）和楼宇分布式能源（BCHP）。楼宇型系统主要针对楼宇单一类型的用户，建筑规模相对较小，系统比较简单，用户的用能特点和规律相近。这类用户包括办公楼、商场、酒店、医院、学校等，建筑面积一般为几十万平方米。

区域型系统主要用于在一定区域内多种功能建筑构成的建筑群，其能量需求有显著差异，不同功能建筑的负荷种类、用能规律、负荷曲线都有所不同。该类型系统规模较大，总建筑面积可能为几十万到一二百万平方米。用户类型包括商务区（含商场、酒店、办公等）、金融区（金融中心、办公等）、机场、火车站、大学、综合社区等。

区域型能源系统的优势在于可以引进高效热电机组，实现燃气、电、热、冷的最优匹配，提高能源利用率；结合可再生能源构建"小型化区域能源网络"，将多能互补的智能电网（微电网）与智能冷热气网相融合，融入光伏发电、太阳能热利用、生物质发电、地热利用等，从而有效降低二氧化碳排放。

第2章 课后习题

课后习题

1. 用户需求侧能源规划与传统的能源供给侧规划有何不同？
2. 什么是微电网，它的特点和优点是什么？

参考文献

［1］ 国家能源局.《"十四五"现代能源体系规划》辅导读本[M]. 北京：中国计划出版社，2022.
［2］ 龙惟定. 城区需求侧能源规划和能源微网技术（上册）[M]. 北京：中国建筑工业出版社，2016.
［3］ 叶祖达，龙惟定. 低碳生态城市规划编制[M]. 北京：中国建筑工业出版社，2016.
［4］ 刘艳峰，王登甲. 太阳能利用与建筑节能[M]. 北京：机械工业出版社，2015.
［5］ 陈众励，程大章. 现代建筑电气工程师手册[M]. 北京：中国电力出版社，2020.
［6］ 潘卫国，陶邦彦，俞谷颖. 分布式能源技术及应用[M]. 上海：上海交通大学出版社，2019.

第 3 章

低碳城市水系统规划工程技术

3.1.1　城市水系统循环模式

城市水系统以实现水资源健康循环和低碳可持续利用为目标，主要研究城市水循环过程中水量和水质的复杂变化规律，以及保障水生态安全方面的工程技术问题。城市水系统循环包括水的自然循环和社会循环两种模式，如图3-1所示。水的自然循环指地球上各种形态的水，通过蒸发汽化、水汽迁移、凝结降水、下渗径流等自然环节，周而复始地发生相态转变和运动的过程。人们的生产和生活极大地改变了水的自然运动状态，这种水在人类社会经济活动中的运动过程即为水的社会循环。由于人们对自然水循环过程影响能力有限，工程规划方面重点考虑社会水循环过程。因此，城市水系统规划工程主要包括取水、供水、用水、排水与再利用等环节。

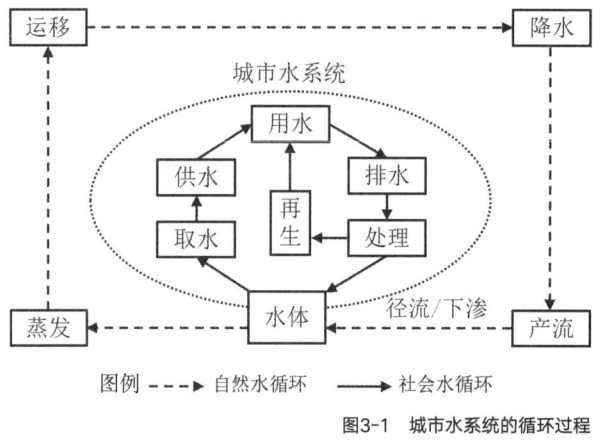

图3-1　城市水系统的循环过程

（1）取水。通过引水、提水等工程措施从水体中取水。

（2）供水。取水经过净水系统净化后，水质达到用户用水标准，供给用户使用。

（3）用水。包括城市居民生活用水、公共设施用水、工业企业生产用水、消防用水和市政用水等。

（4）排水与再利用。使用过的水受到不同程度的污染，经收集系统收集并送至污水处理厂处理后，排入受纳水体或回收利用。

3.1.2　城市水系统的结构与功能

1．城市水系统的结构

城市水系统主要是从水体中取水，向用户提供用水，排除雨水、污水和废水，满足人们生产及生活所需的城市基础设施，在结构上主要包括以下设施：

（1）水源取水设施。包括水源地、取水设施、提升设备和原水输水管渠等。

（2）给水处理设施。包括各种具有水质处理和净化功能的设备和构筑物等。

（3）供水管网设施。包括输水管渠、配水管网、水量调节设施和水压调节设施等。

（4）建筑给水排水设施。包括建筑物内部用水管道、用水设备、水量水压调节设施、计量设备、排水管道、局部污水处理构筑物等。

（5）排水管网设施。包括收集与输送污废水和雨水的管渠、水量调节池、提升泵站及附属构筑物等。

（6）污废水处理设施。包括各种污废水水质处理净化设备和构筑物。由于污水的水质差异大，采用的污水处理工艺各不相同，通常采用物理、物化和生化处理方法的优化组合。

（7）排放和再生利用设施。包括污水受纳体和最终处置设施，如排放口、稀释扩散设施、隔离设施和污水回用设施等。

以上设施可以划分为水源、供水、用水和排水四个子系统，如图3-2所示。各子系统之间相互影响、相互制约、相互促进，需要明确各子系统及其组成要素之间的关联关系，并加以综合和协调，保持城市水系统的整体性和稳定性，充分发挥水的功能和价值。

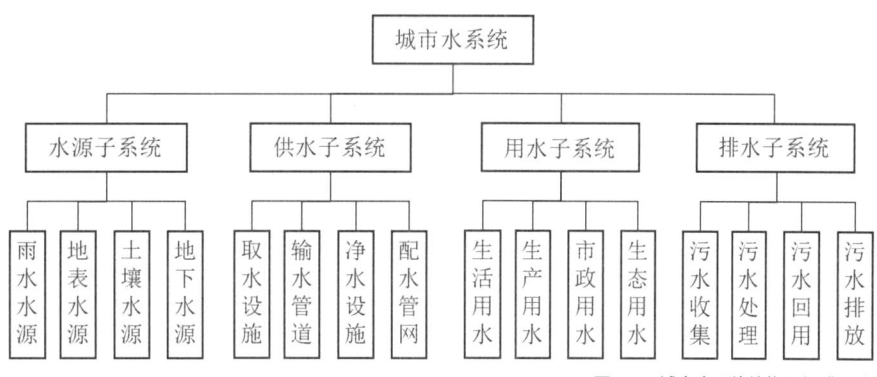

图3-2　城市水系统结构及组成要素

2．城市水系统的功能

城市水系统是城市重要组成部分，为城市社会经济的发展提供支持和保障，其功能主要体现在以下四个方面：

（1）水量保障。城市水系统向指定的用水地点及时可靠地提供满足用户需求的水量，将用户排出的污水、工业废水和雨水及时可靠地收集并输送到指定地点。

（2）水质保障。一方面，城市水系统向指定的用水地点提供满足水质要求的水，在城市用水水质方面，具有明确的标准，如生活饮用水需满足《生活饮用水卫生标准》GB 5749—2022各项水质指标要求。另一方面，将用户排出的污水和废水，采用恰当的措施进行处理，使其水质达到排放标准，保护受纳水体环境不受污染，或达到重复利用水质要求，实现水的循环使用。

（3）水压保障。城市水系统向指定的用水地点提供符合标准要求的用水压力，同时保障排水具有足够的高程和压力，能够顺利地输送到指定地点。

（4）防洪排涝。在暴雨情况下，城市水系统具有及时排出地面积水、削减洪峰、保障城市居民生命财产安全的功能。

3．城市水系统的发展历程

随着城市的不断发展，城市水系统不断演变，其发展历史主要可分为以下三个阶段：

（1）小型、分散阶段。城市人口少、规模小、工业企业分散，城市供水基本都处于自由开发阶段，就近取用地下水或地表水，采用简单净水工艺处理后使用。生产和生活污水未处理或经过简单的处理后直接排入自然水体。

（2）大型、集中阶段。城市人口、规模快速增长，工业发展迅速，城市生活及生产对水量和水质要求提高，大型、集中式取水、处理设施等城市水系统开始建造和发展。

（3）低碳可持续发展阶段。人们逐步意识到合理利用水资源、维持水生态系统稳定才能实现水与人类的和谐发展，低碳可持续用水的理念逐步形成。

3.1.3 城市水系统碳排方式与低碳发展

1．城市水系统碳排放水平

水务行业是能源密集型行业，据初步统计测算，仅城市供水的电耗就约占全国用电量的1.5%，城市水系统在减碳方面面临着巨大挑战。从城市水系统的建设、运行、资产重置和拆除全生命周期来看，水系统基础设施建设过程消耗大量的材料和能源；取水、供水、排水过程消耗化学药剂和电耗来保证水量、水质和水压符合标准要求；污泥处理和输运消耗化学药剂和能源；同时，污水输运和处理过程中也会释放二氧化碳、一氧化二氮（N_2O）和甲烷（CH_4）等温室气体，造成城市水系统的碳排放。

住房和城乡建设部发布的《"十四五"全国城市基础设施建设规划》中提到，"十三五"期间，全国城市供水、排水设施覆盖率不断提高，用水普及率和城市污水处理率分别达到99%和97.5%，污水集中处理能力也提升至

$1.9 \times 10^8 \mathrm{m}^3/\mathrm{d}$，有效支撑了城市的健康发展。然而，城市水系统建设和运行引发的碳排放问题不容小觑，甚至可占城市基础设施运行总碳排放量的50%以上。研究表明，随着污水处理厂的升级提标和处理能耗、药耗增加，在2009—2019年整个污水行业的平均温室气体排放强度增长了17.2%，排放总量则增加了140%。可以预见，若不积极采取有效措施，城市水系统的能耗、药耗和碳排放量势必将持续走高。

2．城市水系统碳排放方式

（1）直接碳排放。指水系统直接向大气排放如CO_2、CH_4和N_2O等温室气体。CO_2的直接排放主要来源于物质分解和燃烧过程。在污水处理厂的曝气池内，有机物在功能微生物好氧菌的作用下会分解产生CO_2，如图3-3所示；城市水系统基础设施建设和拆除过程，以及汽车运输材料时燃油消耗过程等也会产生CO_2。值得注意的是，生物分解产生的CO_2归为生源碳，沼气和污泥归为生物燃料或可再生能源，其燃烧产生的CO_2不纳入碳排放核算，而燃烧污泥消耗的外加化石燃料排放的CO_2则需计入碳排放。

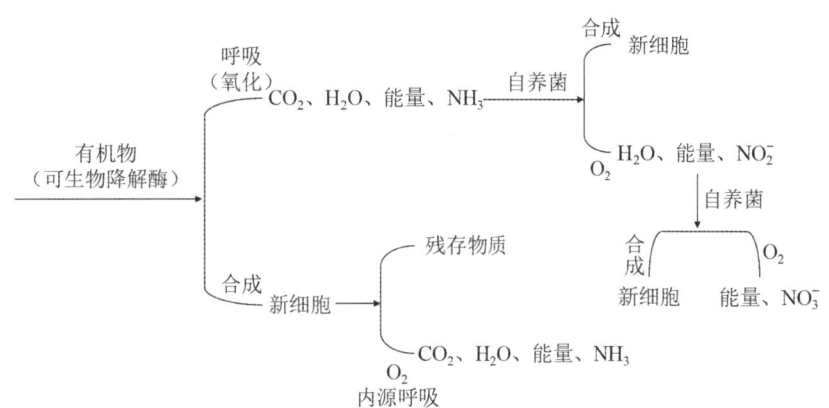

图3-3　生物降解有机物反应过程机理

CH_4的排放主要来自有机物的厌氧代谢。厌氧代谢主要发生在污水输运过程中及化粪池、厌氧处理池等处。厌氧生物代谢过程可采用经典的"三阶段理论"或"四阶段理论"来描述，如图3-4所示。三阶段厌氧生物代谢理论主要分为①水解、发酵阶段，②产氢产乙酸阶段，③产CH_4阶段；四阶段理论是在上述理论的基础上，增加了同型产乙酸菌，其主要功能是将产氢产乙酸细菌产生的H_2和CO_2合成为乙酸（CH_3COOH）。由此可见，在产生CH_4的同时，也会伴随着CO_2的排放。

污水脱氮处理过程中，常常伴随着N_2O和NO_x等中间产物的产生，若控制不当，这些气体会更多地向外界释放，造成碳排放。硝化和反硝化的反应过程如图3-5所示。

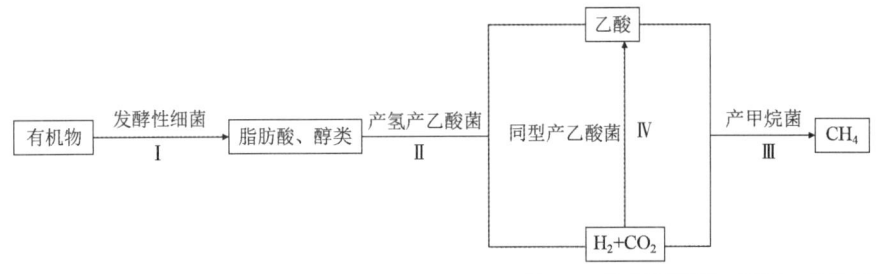

图3-4 厌氧生物代谢的三阶段和四阶段理论

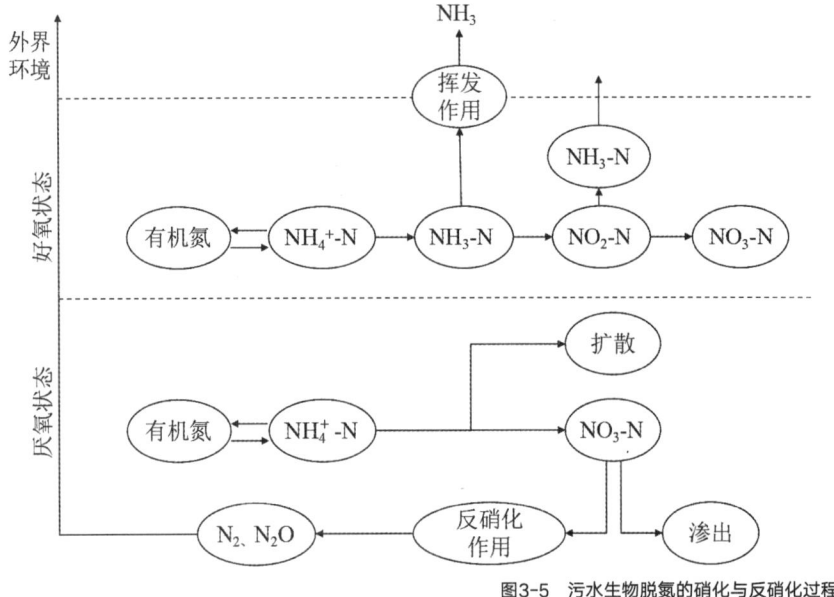

图3-5 污水生物脱氮的硝化与反硝化过程

上述温室气体的温室效应不同，为了方便统计计算和对比，一般以CO_2的温室效应为基准，将其他温室气体换算成与CO_2-eq产生相同温室效应的一个指数（Global Warming Potential，GWP），其中CO_2的GWP为1，CH_4的GWP为21，N_2O的GWP为310。

（2）间接碳排放。城市水系统在建设、运行和拆除过程中需要消耗能量和原材料，这些能量和物料在生产过程中发生的碳排放为间接排放。如水质净化和处理过程中消耗的化学药剂，水厂运行过程中水泵、鼓风机等大型设备消耗的电能等。

3．城市水系统低碳发展政策

2020年9月，我国在第75届联合国大会上郑重宣布了"双碳"目标发展战略，即力争2030年前实现碳达峰，2060年前实现碳中和。这是党中央经过深思熟虑做出的重大战略决策，事关中华民族永续发展和构建人类命运共同体，彰显了我国积极应对气候变化，走生态优先、绿色低碳的高质量发展道路的坚定决心。党中央、国务院于2021年10月24日发布《中共中央 国务院关于完整准确全面贯彻新发展理念做好碳达峰碳中和工作的意见》，国务院发布《2030年前碳达峰行动方案》（国发〔2021〕23号），为我国实现经济社会发展全面绿色转型、实现双碳目标指明了方向，擘画了宏伟蓝图。2022年，住房和城乡建设部、国家发展和改革委两职能部委发布了《城乡建设领域碳达峰实施方案》（建标〔2022〕53号），对包括城镇供水排水系统在内的基础设施明确了2030年前碳达峰目标。

在全球范围内，由于全球气候变化带来的负面影响越来越突出，人们对碳减排重视度的提升，水务行业碳中和也逐渐出现在部分国家的官方文件中。各国水务行业协会或主管部门在水务运行节能降耗、碳中和方面一直主动进取，制定出相应的水务碳中和路线图，见表3-1。

全球水务行业碳中和路线图汇总 表3-1

国家或组织	水务碳中和路线图	路线图要点	发布时间
英国（水行业协会）	《水务净零碳排放路线图》 *Net Zero 2030 Roadmap*	2030碳中和目标；首部水务行业碳中和路线图；边界限定在运行维护阶段；提供了水务行业碳减排规划编制一般思路，并详细分析了可用技术或工艺	2020年
丹麦（环境保护部）	《推动水务碳中和与能量中和的"巴黎模式"碳排放报告指南》 *Guidelines for Reporting in Line with Paris Model for a Climate- and Energy-neutral Water Sector*	2030碳中和目标；提供了碳排放核算边界和核算方法	2021年
新西兰（行业协会）	《净零碳排放指南：新西兰水务低碳发展之路》 *Navigating to Net Zero: Aotearoa's Water Sector Low-carbon Journey*	2050碳中和目标；边界包括运行维护与施工建设；提供了碳减排切入点和减排案例	2021年
欧盟（欧洲水务）	《零污染行动计划》 *Zero Pollution Action Plan*	2050碳中和目标	2021年
澳大利亚（维多利亚州）	《水务碳减排计划书》 *Statement of Obligations (Emission Reduction)*	2035碳中和目标（所辖墨尔本则计划2030碳中和）；提供了所辖水务企业的减排目标	2022年

3.2.1 城市供水系统结构与组成

城市供水系统是指为满足人们生活、生产和消防用水需求所建立的设施总称，是城市基础设施的重要组成部分，对保障城市居民的生活质量、促进经济发展和维护社会稳定具有重要意义。城市供水系统的主要功能是确保城市各类用户能够获得符合水质、水量和水压要求的用水，通常包括原水、取水系统、给水处理系统和供水管网系统，其功能和组成如图3-6所示。

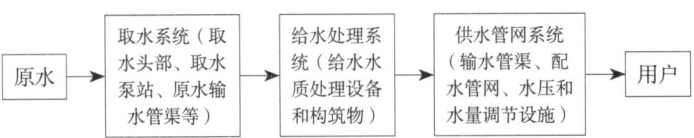

图3-6 城市供水系统功能与组成示意图

（1）原水：在选择城市供水的原水水源时，需要综合考虑水源的水量、水质、取用方便性、可持续利用性以及环境保护等因素，常见的水源有地表水或地下水。其中：

①地表水包括河流、湖泊、水库等，其优点是水量充沛、取用方便，而且通常可以通过自然净化过程保持较好的水质。然而，由于工业废水、生活污水、农业化肥和农药等的排放，地表水也容易受到污染，因此以地表水作为水源时需要经过严格的处理和监测，以确保水质安全；

②地下水，通过水井或地下水源地取水，其优点是水质稳定、不易受到污染，而且在水资源紧张的地区可以作为重要的补充水源。然而，地下水的开采也受到地质条件、水资源分布和环境保护等因素的限制。

（2）取水系统：从自然水源（如河流、湖泊、水库、地下水等）中抽取原水，并将其引入城市供水系统的一系列设施、设备和工程的总称。这个系统通常包括取水头部、取水构泵站以及原水输水管等关键组成部分。取水系统的主要任务是从水源地安全、稳定地获取原水，为后续的净水处理和供水分配提供可靠的保障。

（3）给水处理系统：通过给水水质处理设备与构筑物，对从取水系统获得的原水进行一系列物理、化学和生物处理，以去除水中的杂质、有害物质和微生物，使其达到饮用水标准或工业用水要求的系统。这是一个至关重要的环节，它直接影响到供水水质和供水安全。

（4）供水管网系统：将经过给水处理系统处理后的水，通过一系列管道、泵站和其他设施，输送到城市各个用水点的网络系统。其主要组成部分包括输水管渠、配水管网、水压调节设施（如泵站、减压阀）和水量调节设施（如清水池）等。该系统的作用是将经过处理的清洁水安全、可靠地输送到各个用水点，满足城市居民生活和工业生产的需求。

（5）用户：可以是城市居民、商业机构、工业企业、公共设施等，他们通过接入供水管网系统，获得所需的生活用水、生产用水或其他用途的水资源。

3.2.2　低碳城市供水管网规划工程技术

1．供水管网工程规划

城市供水管网工程规划包括输水管渠定线和配水管网布置两部分。其中，输水管渠是指从水源到给水处理厂或给水处理厂到相距较远的配水管网的管道或渠道；配水管网是指为用户输送和分配用水的管道网络系统。

输水管渠定线时，应沿现有或规划道路敷设、缩短线路长度，避免穿越毒害污染区及地质断层、滑坡、泥石流等区域；减少拆迁、少占良田、少毁植被、保护环境；应采用2条及2条以上管道，并设置连通管；在输水量小、输水管长或有其他水源可以利用的条件下，可采用单管渠输水外加调节水池；远距离输水应采用压力和重力相结合的方式。

配水管网布置是指在城市用水区域内确定各条配水管线的位置和走向。配水管网布置具有两种基本形式，环状网和树状网，一般根据城市规模、用地性质等选择，现有城市供水管网多数是环状网和树状网相结合的布置方式。布置时，需要考虑地形、水源和调节池位置、大用户分布等多个因素。干管的延伸方向应和从水厂到水塔（高位水池）、大用户的水流方向一致。干管间距约为500~800m，干管之间的连接管间距约为800~1000m。用水要求较高的建筑物可在不同部位接入两条或数条进水管以增加其供水可靠性。

供水管网漏损管理
低碳技术 课程

2．供水管网运行管理低碳技术

1）漏损控制

供水管网的漏损控制直接关系到城市供水系统的稳定运行和资源的合理利用，有效的漏损控制是低碳城市发展的重要保障。主要包括以下方法和技术：

（1）定期巡检和监测。巡检人员应熟悉供水管网的结构和特点，使用相应的仪器设备进行漏损点的检测和确认。利用先进的传感技术和数据分析，进行供水管网的运行状态监测和预警，实现对供水管网漏损的实时监控和管理。

（2）加强管网维护和管理。制定科学合理的管网维护计划，定期对供水管网进行清洁、修复和维护，提高管网的完整性和稳定性。对老化、破损严重的管道进行更换、修复或加固，确保供水管网的正常运行。

（3）分区管理。将供水管网划分为不同的功能区域，并制定相应的管网管理措施。通过合理规划、设计和建设，使得供水管网的布局合理，供水管道的时长合适，减少盲目的建设和改造。

（4）预防性措施。在管道施工和安装过程中，加强管理和监督，确保施工质量符合标准。做好管道防腐技术的提高工作，根据运行环境和土质情况选择合适的防腐方法和技术。选择优质的阀门，确保阀门的使用寿命和质量，减少因阀门问题导致的漏损。

2）水质控制

水质控制则是保障低碳供水质量的关键环节，供水管网中的水质控制技术涉及多个方面。主要包括以下关键技术：

（1）水源保护与预处理。加强对水源地的保护，减少农业、工业和生活排放对水源的污染。对水源进行预处理，如过滤、沉淀、消毒等，以去除或减少水中的杂质和微生物。

（2）定期清洗与消毒。定期对供水管道进行清洗，清除管道内的污垢、沉积物和生物膜，减少水质污染的可能性。定期对供水管道进行消毒处理，使用适量的消毒剂杀灭细菌、病毒和其他微生物，保障供水安全。

（3）水质监测与预警。建立完善的水质监测网络，实时监测给水管网中的水质状况。设定水质预警机制，一旦监测数据超过预设阈值，及时发出警报，以便迅速采取措施。

（4）管网维护与更新。定期检查管道的密封性、承载能力和漏水情况，及时修复漏点和老化管段。采用新型管材和技术，提高管道的耐腐蚀性和抗老化性能，延长使用寿命。

（5）水质调控技术。利用物理、化学或生物方法，对水质进行调控，如调节水的pH值、去除重金属、降低浊度等；采用先进的膜分离技术、吸附技术等，提高水质净化效果。

（6）智能化与自动化技术。利用物联网、云计算、大数据等新技术，实现管网的自动监测、控制和维护，提高供水系统的安全性和可靠性；通过智能化预测和控制，优化水质调控策略，降低能耗和成本。

3）调度管理

供水管网调度是合理组织和协调供水系统的各组成部分之间的运行管理，是实现低碳城市供水的有效途径。主要包括以下关键技术：

（1）地理信息技术。通过地理信息系统，可以直观地展示和管理供水管网的布局、设备状态等信息，为调度决策提供有力的支持。

（2）实时监控和数据采集技术。实现对供水管网的运行状态进行实时监测和数据采集。

（3）专家决策技术。利用先进的数据分析和人工智能技术，为调度决策提供智能化的支持，提高调度的准确性和效率。

3.2.3　低碳城市供水处理规划工程技术

1．常规供水处理技术

供水处理是城市供水工程中保障水质安全的核心环节。常规的供水处理工艺主要包括：

（1）混凝与沉淀。混凝是将水中的胶体、悬浮物等杂质聚集成较大的颗粒，通常是通过加入混凝剂，如聚合氯化铝（PAC）或聚合氯化铝铁（PAFC）来实现的。之后，通过沉淀池使这些大颗粒在重力作用下沉降到底部，从而达到与水分离的目的。

（2）过滤。过滤是进一步去除水中残留固体颗粒和胶体的关键步骤，常见的过滤介质包括石英砂、活性炭等。活性炭不仅能去除杂质，还能吸附水中的有机物和异味。

（3）消毒。消毒是确保饮用水安全的重要环节，常见的消毒方法包括氯消毒、臭氧消毒和紫外线消毒。氯消毒是通过在水中加入氯或次氯酸钠杀灭细菌；臭氧消毒则是利用臭氧的强氧化性破坏微生物的细胞壁和膜；紫外线消毒则是利用紫外线杀灭水中的细菌和病毒。

常规的水处理工艺以去除水中的浑浊物质和细菌、病毒为主，其流程如图3-7所示。

低碳城市规划工程技术课程实验-水中余氯的测定课程

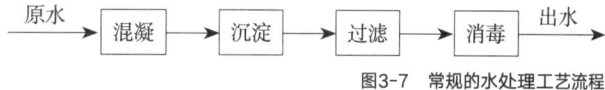

图3-7　常规的水处理工艺流程

2．低碳供水处理技术

近年来，针对饮用水中的各类污染物以及低碳城市供水的发展需求，不断研发出新型、高效的给水处理技术，主要包括以下几种：

（1）臭氧氧化技术。通过加入臭氧气体，消除水中的有机物、异味、色度等污染物。臭氧具有强大的氧化能力，能够高效地分解水中的有害物质。

（2）活性炭吸附技术。由于活性炭自身孔隙结构、表面化学特性都对吸附有着重要影响。利用活性炭的强吸附能力，去除水中的有机物、氯、异味等有害物质。活性炭的多孔结构使其具有极大的表面积，能够吸附大量的污染物。

（3）高密度沉淀池。高密度沉淀池对低温低浊水有很好的处理效果，同时优点突出，具有很好的发展前景。其优点主要包括：①向原水中投加微砂、污泥或者磁种等，提高原水中的载体数量，同时形成密实、有良好沉降性能的絮体；②通过机械搅拌来维持混凝的最佳条件；③采用斜管或者斜板沉淀工艺提高沉淀效率；④对原水水质的适应能力强，抗冲击负荷能力大，同时节约占地面积。

（4）吹脱技术。使水作为不连续相与空气接触，利用水中溶解化合物的实际浓度与平衡浓度之间的差异，将挥发性组分不断由液相扩散到气相中，达到去除挥发性有机物的目的。吹脱法主要用于去除水中溶解的CO_2、H_2S、NH_3等气体，同时增加溶解氧，以氧化水中的金属。在饮用水深度处理中，吹脱法费用较低，是采用活性炭达到同样去除效果所需运行费用的$1/4 \sim 1/2$。

（5）紫外联用高级氧化技术。基于UV联用的光化学高级氧化技术包括光激发氧化技术和光催化氧化技术，二者均是通过产生氧化能力较强的自由基完成有机污染物的降解和矿化过程。该工艺产生的强氧化性自由基能够高效去除难降解有机物，使其降低毒性，可有效应对饮用水源中的新兴污染物以及控制消毒副产物，能够弥补其他常规给水工艺存在的技术缺陷。

3.3.1　城市污水系统结构与组成

城市污水系统一般由污水收集设施、污水管网及附属构筑物、提升泵站、污水调蓄池、污水输送管道、污水处理厂和排放口等构成。

（1）污水收集设施。作为污水系统的起始点，用户排出的污水一般通过建筑排水管道直接排到户外检查井和化粪池，通过连接管将污水收集到污水管网系统中。

（2）污水管网及附属构筑物。污水管网采用树状布置形式，将收集的生活污水、工业废水等输送到指定位置，进行集中处理。污水管网中设置检查井、跌水井、水封井、倒虹管等附属构筑物设施，便于系统的运行与维护管理。

（3）提升泵站。污水主要采用重力输送，当地面较平坦时，管道随着长度的增加埋深会很大，管网建设费用很高。泵站将污水提升可以有效减小下游管道埋深，从而降低工程造价。另外，针对局部地势低洼地区的污水可以采用泵站提升后排入污水管网。

（4）污水调蓄池。污水、废水贮存设施，用于调节污水管网接收流量与输水量或处理水量的差值。通过水量调蓄池可以降低其下游高峰污水流量，从而减小输水管渠或处理设施的设计规模，降低工程造价。

（5）污水输水管道。长距离输送污水、废水的管道，一般不具有收集功能。污水输送管道连接两个排水区域，或污水处理厂距离城区较远，需要采用污水输运管道进行污水输送。

（6）污水处理厂。污水、废水处理的基本场所，包括各种采用物理、化学、生物等方法的污水水质净化设备和构筑物。常用物理处理工艺有格栅、沉淀、曝气、过滤等，常用化学处理工艺有中和、氧化、还原等，常用生物处理工艺有活性污泥处理、生物滤池、氧化沟、自然生物处理等。

（7）排放口。污水经处理后达到排放标准后，通过排放口排入受纳水体。排放口有多种形式，主要为岸边式排放口和分散式排放口两种形式。

3.3.2　低碳城市污水管网规划工程技术

1．污水管网规划布置形式

城市污水主要依靠重力自流排除，管网一般布置成树状网。根据地形条件，可采用平行式和正交式两种基本布置形式。

平行式污水管网布置基本形式中，污水干管与等高线平行布置，污水主干管与等高线垂直布置，如图3-8所示。在地形坡度较大的地区，平行式布置形式可以有效降低污水管段上游埋深，减少系统跌水井的设置数量，节省工程造价。

正交式污水管网布置形式中，污水干管与等高线垂直布置，污水主干管与等高线平行布置，如图3-9所示。在地形较平坦地区，正交式布置形式可以降低管道埋深，减少提升泵站的数量。

对于大多数城市，尤其是规模较大的城市，不同区域的地形差异很大，污水管网的布置需要根据地形特点和城市布局灵活调整，往往是以上两种布置形式的结合，构成多种具体的布置形式。

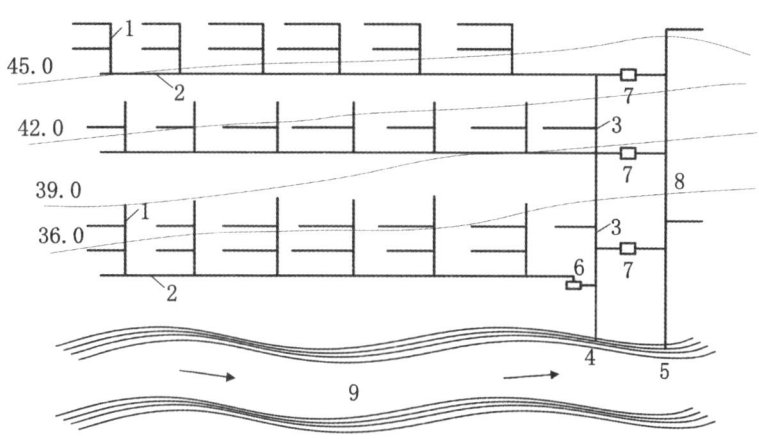

图3-8　污水管网平行式布置形式
1—支管；2—干管；3—主干管；4—溢流口；5—出口渠渠头；6—泵站；7—污水处理厂；
8—污水灌溉管；9—河流

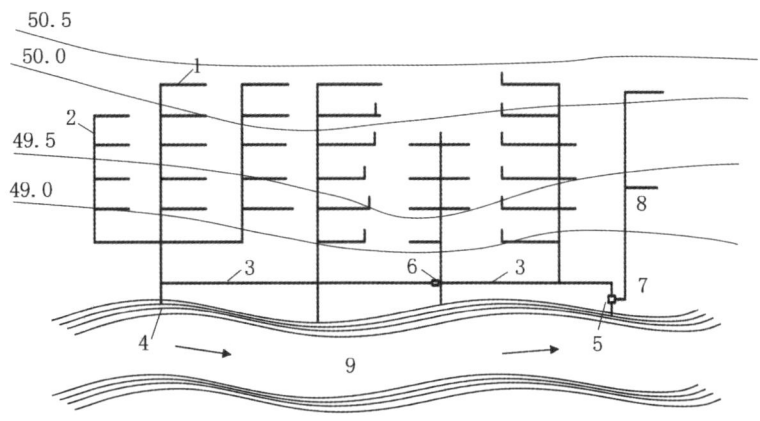

图3-9　污水管网正交式布置形式

1—支管；2—干管；3—主干管；4—溢流口；5—出口渠渠头；6—泵站；7—污水处理厂；
8—污水灌溉管；9—河流

在污水主干管与干管布置之后，根据干管的位置走向，结合地形和街区建筑特征，进行污水支管的平面布置。污水支管布置应便于用户接管排水，一般污水支管布置形式分为三种：①低边式布置，当街区面积较小，且污水采用集中出水方式时，污水支管敷设在街区较低一侧的街道下；②围坊式布置，当街区面积较大，且地形平坦时，在街区四周的街道敷设污水支管；③穿坊式布置，街区内污水支管穿过其他街区，并与所穿过街区的污水支管相连接的布置方式。污水支管布置要满足服务街区污水连接管的衔接要求，没有条件时，要考虑预留管段以满足街区发展后的污水排放需求。

2．污水管网运行管理低碳技术

1）温室气体排放控制

城市污水管网中的污水含有丰富的碳、氮、磷等营养物质，污水输运过程厌氧微生物代谢会产生CH_4、CO_2等温室气体，造成碳排放问题。可以采用通过控制厌氧代谢过程，减少温室气体的排放量，主要方法包括：

（1）注氧。污水管道内危害性气体主要是由管内污泥中的厌氧微生物在厌氧环境下产生的，注氧可以提高污水中溶解氧含量，抑制产甲烷菌等厌氧微生物的活性，降低CH_4的产生量。

（2）硝酸盐及亚硝酸盐。硝酸盐及亚硝酸盐可以提高污水的氧化还原电位，抑制产甲烷菌的活性，减少CH_4的产生。但硝酸盐及亚硝酸盐在消耗过程中可能会生成N_2O温室气体，需要进一步关注。

（3）碱冲击。生活污水pH值通常小于8，提高pH值可以抑制产甲烷菌的增殖与代谢，抑制CH_4的生成。常用的碱剂包括氢氧化钠、氢氧化镁等。

（4）杀菌剂。杀菌剂又称为杀生剂、杀菌灭藻剂、杀微生物剂等，通常是指能有效地控制或杀死水系统中的微生物——细菌、真菌和藻类的化学制剂。向污水管道中投加杀菌剂，能够有效地抑制厌氧微生物代谢与增殖，达到控制温室气体生成的效果。目前，应用于污水管道温室气体控制的杀菌剂主要包括氧化性杀菌剂、非氧化性杀菌剂、复合型杀菌剂、水不溶性杀菌剂和多功能杀菌剂等。

（5）化学试剂的联合使用。单一的化学试剂控制措施多多少少都存在缺点，并不能达到100%的控制效果，且受制于使用条件、经济成本等原因，很多方法并不适用，因此将两种或多种方法联合使用，以期达到更好的效果。

2）污水管网清淤

污水管网在长时间运行过程中，部分管段发生淤积问题，淤积的底泥停留时间长，厌氧发酵产生的CH_4排放不容忽视，应定期开展污水管网清淤维护工作。清淤技术主要包括：

（1）水力清淤。利用水流对管道进行冲洗，可以利用管道内污水，也可以利用自来水和天然水体进行冲洗。该技术操作简单、效率高，一般在管道淤积较轻、淤积体较松散时使用。

（2）机械清淤。采用机械清通工具进行清淤，如气动式通沟机和钻杆通沟机等。机械清淤一般在管道淤积严重、淤积体黏结密实、水力清淤效果不好时使用。

3）污水管网系统运行调度

城市污水管网系统运行调度的作用是满足污水管网和污水泵站高效、合理、可靠和最优化运行，从而实现污水输运过程节能降耗的目标，其功能主要包括：

（1）运行状况监测。中央控制室可以实时了解整个管网系统和污水泵站的运行状态，为调度决策提供准确的实时运行参数。

（2）运行调度控制。污水管网系统运行调度通过中央控制层、分控站自动控制层和就地手动控制层三个控制层协同，维持系统的整体协调，使污水管网系统处于较优的运行状态。

（3）管理预测。对于合流制管道，运行调度系统与水文、气象等部门系统相联系，迅速掌握雨情、水情等信息，及时制定相应的调度预案。

3.3.3 低碳城市污水处理规划工程技术

1．城市污水处理工程技术

为保证城市水环境质量，城市污水需要处理达标后排放。城市污水处理技术工艺选择应根据出水排放标准，如《城镇污水处理厂污染物排放标准》GB 18918—2002、《陕西省黄河流域污水综合排放标准》DB61/224—2018等，通过技术经济比较进行处理工艺和流程选择，图3-10所示的是以AAO

实践项目 环境狗
实践教学系统使用
手册

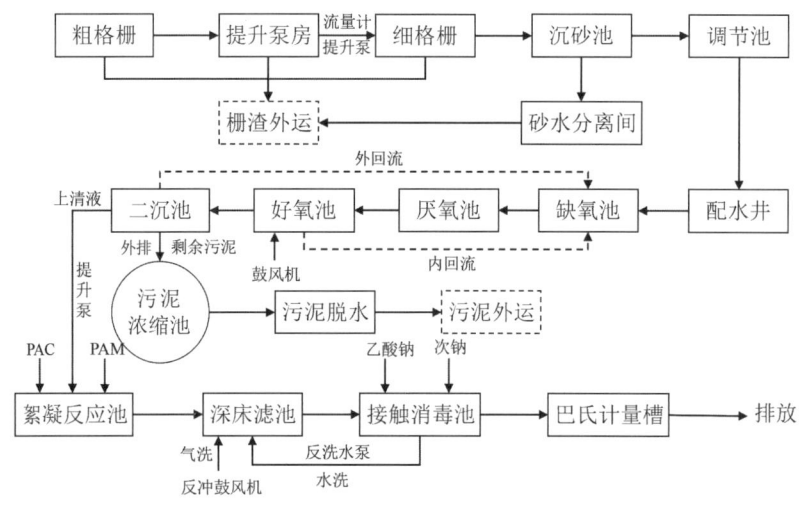

图3-10 以AAO为主的污水处理工艺流程图

（厌氧—缺氧—好氧）为主的典型污水处理工艺流程。

目前常用的污水处理技术，按照作用原理可以分为物理处理技术、化学处理技术、物理化学处理技术和生物处理技术，按照处理程度可分为一级处理、二级处理和三级处理：

（1）一级处理。又称物理处理，技术上以物理方法为主，包括粗格栅、细格栅、沉砂池等技术工艺。主要去除污水中的固体污染物质，如大块垃圾、细砂等。

（2）二级处理。以生物法处理技术为主，如活性污泥法、生物膜法、自然生物处理技术等。二级处理是城市污水处理厂的核心，主要去除污水中呈胶体和溶解态的有机污染物和氮磷等污染物。

（3）三级处理。又称深度处理，当二级处理出水不能满足污水处理厂排放标准或回用水标准时，采用三级处理，方法上包括物理化学法和生物法等，如磁混凝高密度沉淀池、反硝化深床滤池等。

2．城市污水处理厂运行低碳技术

污水处理过程消耗大量的能源和化学药剂，碳排放量占城市水系统整体碳排放量的比例较大。降低污水处理过程的能源和药剂消耗，可有效降低城市水系统的碳排放水平，一般可以从以下几方面进行考虑：

（1）采用低能耗水处理设备。污水处理过程电耗占整体运行费用的40%左右，其中水泵和鼓风曝气装置是污水处理厂主要耗电设备。在设备选择时，应精确计算污水提升扬程、鼓风量，合理选择设备型号和台数。加强设备的维护保养，降低能源损失。

（2）提升能源使用效率。曝气池是污水处理厂主要能耗和碳排放的工艺单元，提高曝气氧传质效率和氧利用率可有效降低曝气能耗。技术上可采用微纳米气泡曝气、微孔曝气等。

（3）处理全流程优化节能。运用在线监测仪器和自动化控制技术，搭建污水处理全流程运行调控平台，基于在线数据实时调节污水处理过程和设备运转，保持污水处理全流程处于最优运行状态，降低整体能耗。

（4）加强厂网一体化管理。加强污水管网运行维护与管理，保证污水处理厂进水水质稳定和碳源充足，可有效保障污水处理厂运行稳定，减少外加碳源药剂量，节约能耗药耗。

（5）污水资源化利用技术。充分利用污水蕴含的化学能和热能，通过厌氧发酵、消化等工艺将污水中的碳源转化为甲烷气体，可以用于污水处理厂供热或者发电；通过污水源热泵技术提取污水中的余热，用于污水处理或周边居民区的供热。

（6）清洁能源利用技术。污水处理过程中消耗的能源可以采用清洁、可再生能源，如风力发电、太阳能光伏发电、生物质发电等。以上清洁能源技术较为成熟，若加以充分利用，可有效降低污水处理过程的碳排放量。同时，由于地域差异性，在规划设计中可以考虑多种能源相结合的方式。

3.4 低碳城市雨水系统规划工程技术

3.4.1 城市雨水系统组成

低碳城市雨水系统只有通过源头控制、收集输送、蓄存利用、处理排放和监控管理（监测控制）五大环节的协调配合，才能发挥出应有的综合效能，实现城市雨水高效管理，在缓解城市内涝的同时有效利用雨水资源。城市雨水系统组成如图3-11所示。

（1）源头控制设施。包括渗透设施和储水设施等，是雨水系统最上游的重要组成部分，作为城市雨水管理的首道防线，主要负责减少和调节早期雨水外流，从而在源头上控制雨水，缓解下游管道和处理设施的负担。

（2）收集输送设施。主要由雨水管道、检查井、泵站和调蓄池等设施构成，负责整合并传输源头控制后的雨水及地表径流至下游处理环节。

（3）蓄存利用设施。包括蓄水池、人工湖、水窖等，主要负责收集和暂存雨水，一方面缓解城市雨洪排水压力，同时寻求对雨水资源的有效利用。

（4）处理排放设施。常见的雨水处理排放设施包括排放口、人工湿地和生物滞留池等，主要负责对收集输送的雨水进行净化及排放，需要确保水质符合排放或再利用的标准。

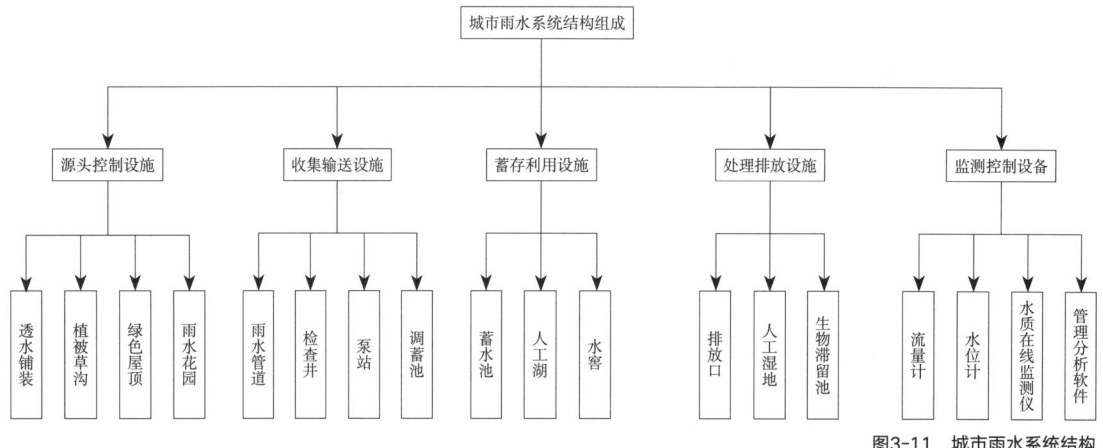

图3-11　城市雨水系统结构

（5）监测控制设备。通过监测设备和管理软件实时监控系统运行。在系统关键环节设置流量计、水位计和水质在线监测仪，实时收集雨水流量、水位和水质数据。监控系统还应具备故障预警和调度优化功能，确保城市雨水系统的高效安全运行。

3.4.2　低碳城市雨水收运规划工程技术

1．雨水管网规划工程技术

雨水管网是城市雨水系统中承上启下、贯穿始终的基础设施，对于高效收集和输送城市内的雨水至关重要。设计合理完善的雨水管网能有效输送雨水至下游处理或排放设施，避免城市内涝积水，实现无污染排放和循环利用。雨水管网一般由雨水口、支管、干管、检查井、排放口等主体设施，以及泵站、闸门、调蓄池、消能设施、监控设备等配套设施组成。

（1）雨水管网。管网的干管、支管和检查井组成雨水的主要收集通道，将地面汇流的雨水收集并输送至下游。收集能力是管网正常运转的基础，因此在设计时需根据区域的流量特征、雨水量计算等，合理确定管线的规模和布局形式。

（2）雨水泵站。主要由泵房、管道和控制系统组成，负责将雨水从低洼地区提升至管网或自然水体。泵站设计时需考虑降雨量、地形和排水需求，以确保收集和输送效率。配备预处理设施能有效去除雨水中的杂质，减少对泵站和环境的影响。

（3）调蓄池。管网系统中的调蓄池能够暂存、调节雨水流量，削减管渠的峰值流量。调蓄措施可在一定程度上缓解管网的压力，使其不至于因雨水暴涨而导致外溢、渗漏等问题。调蓄池的容量需根据区域的雨水特征和管网承载能力合理设计。

（4）消能设施。利用消力池、微池、底沟、管口消能设施等多种消能设施，可以减缓雨水的流速，降低其对管网的冲刷和破坏作用，从而延长管网的使用寿命。合理布设消能设施是确保管网长期稳定运行的有效手段。

2．雨水渗透滞留规划工程技术

1）雨水渗透工程技术

雨水渗透技术在古代就已开始采用，可由古建筑中发现的渗坑、渗井、渗沟得到证实。通过渗透可以降低原有雨水排放管道系统的规模，进而有助于减少基础设施建设中的碳排放，一定程度上促进雨水管理低碳化。雨水渗透工程技术包括表层入渗及深层入渗两类，表层入渗如透水铺装，深层入渗如渗透雨水管道、渗透雨水井。

（1）透水铺装。通过将城市不透水的路面砖替换为透水材料，增加降雨时的地表渗透雨水量，同时对雨水起到一定的过滤净化作用。透水性铺装材料主要包括透水混凝土、透水沥青、透水砖、植草砖、碎石等。

（2）渗透雨水管道。集输送和下渗雨水径流于一体，在减轻排水系统负荷的同时，亦可有效削减污染物进入受纳水体的负荷。通常包括渗透管道、出口过滤装置、集水系统及渗透排水系统等组成部分。对于高浓度污染物或特殊污染物的雨水径流，需进行预处理，以防止污染土壤和地下水。

（3）渗透雨水井。应用于渗透排放管道系统或园景绿地的高效小型雨水利用设施，能暂存地表饱和径流，待条件适宜时缓释下渗，调节排水压力并补给植被根系水分。结构简单，通常由水箅子和透水烧结砖砌筑。选址应综合考虑地形低洼、植被根系外缘布置、景观融合等因素。

2）雨水滞留工程技术

雨水滞留是一种利用多孔介质填料和植被，对下渗雨水实施微地形调节的低碳雨水管理技术。填料孔隙和植物根系可有效滞留部分雨水径流，削减洪峰流量、延迟洪峰到达，调节雨水径流排放。

（1）雨水滞留设施构造。雨水生物滞留设施通常面积不大，一般依据汇水区面积而定（占汇水面积的5%～10%）。雨水滞留设施通常由含水层、覆盖层、植被层、填料层、排水层、砾石层等组成。

（2）填料选择。常见为砂、粉土、珍珠岩及蛭石等混合填料。珍珠岩和蛭石具有高孔隙率和良好结构稳定性，有利于滞留径流和重金属。为增强吸附净化能力，宜添加沸石、粉煤灰、蛭石、石灰石等高通透、高比表面积介质。考虑经济性可因地制宜选择本地土壤，但应针对黏土或砂土含量进行调节。

（3）植被选择。生物滞留设施的植被选择对径流滞留能力和持久性影响重大。宜综合考虑生态、景观、经济因素，结合植被耐旱性、耐涝性、耐污性、耐盐性、耐寒性、耐阴性、观赏性、乡土性、购置成本、管护需求等特性进行组合选择。

3．雨水调蓄规划工程技术

雨水调蓄工程能够消纳降雨峰值时段的径流量，待降雨强度下降后，再将雨水缓慢排放。对于规模较大的排水分区，调蓄工程的实施能够很大程度上降低下游雨水干管设计尺寸，减小泵站池容和装机规模，促进雨水资源化利用，是城市雨水低碳化管理的重要途径。雨水调蓄工程分类如下：

（1）水体调蓄工程。通过城市内河内湖或小区景观水体规划设计实现雨水调蓄功能，需要根据区域降雨特征及汇水面积等确定工程平面布置、调蓄规模、调蓄水位等要素。水体调蓄工程宜通过构建生态护坡等措施，削减雨水径流污染。

（2）绿地、广场调蓄工程。包括生物滞留设施、浅层调蓄池、下凹式绿地及下沉式广场等。绿地调蓄工程通过模拟自然水循环过程，调蓄峰值流量的同时实现雨水的净化和利用，亦提供额外的生态和社会效益。下沉式广场主要功能为削减峰值流量、排涝除险，应设置疏散通道、警示牌及预警预报系统。

（3）雨水调蓄池。可设置在源头或管渠系统中，一般为地上或地下封闭式。按照是否有沉淀净化作用分为接收池、通过池和联合池。主要用于削减峰值流量时，调蓄池宜与排水管渠串联；当用于径流污染控制或雨水综合利用时，宜与排水管渠并联。雨水调蓄池通常采用钢筋混凝土或塑料衬垫结构，配套设置清淤冲洗、通风除臭、电气仪表等附属设施及检修通道。

（4）隧道调蓄工程。通过修建地下隧道，实现对雨水的调蓄、输送、净化等功能，一般适用于地上建筑密集、地下浅层空间无利用条件的区域。隧道调蓄工程由综合设施、主隧道、出水放空系统、通风设施、控制系统和检修设施组成。

3.4.3　低碳城市雨水资源化规划工程技术

雨水资源化是城市雨水管理的重要研究领域，是通过规划和设计，采取相应的工程措施，将汛期雨水集蓄起来并作为一种可用水源的过程。通过雨水资源化，能够缓解城市水资源的供需矛盾，还能有效地减少城市径流量、延滞汇流时间、减轻城市排洪设施的压力。雨水资源化主要包括雨水的收集、处理和利用三个环节。

1．收集技术

雨水资源收集技术的核心在于设计和建设能够有效捕获雨水的设施。按照雨水收集场所不同分为屋面雨水收集系统和地面雨水收集系统。通过人工设施收集雨水，经过处理过滤后集中蓄存，根据不同资源化用途进一步净化处理。

（1）屋面雨水收集系统。利用建筑物的屋面收集雨水，通过排水管道将雨水引入集蓄设施，经过简单处理后可用于家庭用水、植物灌溉等。其主要组成部分包括雨水收集面、雨水排放口及储水池（罐）。雨水收集面指建筑屋面，其材质、坡度、形状等都会影响雨水的收集效率和质量；雨水排放口指安装在屋顶的集水口，用于将雨水引导至蓄存装置；储水池（罐）用于蓄存雨水，通常采用不锈钢等耐腐蚀、耐老化的材料制成。

（2）地面雨水收集系统。通过下凹式绿地、地面渗透设施和透水铺装等技术实现雨水的有效收集。下凹式绿地通过草沟等低洼植被区域收集雨水，同时通过植被过滤去除污染物。地面渗透设施通过增加地面渗透性，促使雨水下渗，补充地下水资源或收集回用。透水铺装集水利用渗水性材料，如混凝土立道牙等，收集雨水并减少硬质铺装的径流。

2．处理技术

在雨水资源化的进程中，雨水净化及处理技术扮演着至关重要的角色。这些技术确保了收集到的雨水在用作城市非饮用水之前，能够达到相应的水质标准。雨水净化及处理技术包括一系列物理、化学和生物方法，以下是几种主要的雨水处理技术。

（1）滤网过滤法。通过层层滤网的设计，雨水中的杂质在通过滤网时被有效拦截，从而实现水质的提升。这种方法特别适用于家庭屋顶等小型雨水收集系统的初步处理。滤网过滤法虽然能有效去除较大杂质，但对于溶解物、微生物等细小污染物的净化效果则十分有限。因此，在实际应用中，可能需要根据水质需求和处理目标，结合其他净化技术，以达到更理想的处理效果。此外，滤网的维护和管理也是确保过滤效果的关键，需要定期更换滤网、清理过滤设备，以及防止滤网堵塞和破损。

（2）生物滤池法。利用需氧微生物对污水或有机性废水进行生物氧化处理的方法。其核心在于通过在水中增加好的细菌，降解水中的有害物质，从而清洁水质。具体来说，生物滤池通常使用碎石、焦炭、矿渣或人工滤衬等作为先填层。当污水以点滴状喷洒在这些填层上，并充分供给氧气和营养时，滤材表面会生成一层凝胶状生物膜，这层生物膜主要由细菌类、原生动物、藻类、菌类等微生物构成。随着污水沿此膜流下，其中的可溶性、胶性和悬浮性物质会被吸附在生物膜上，进而被微生物氮化分解。

（3）逆渗透法（也称为反渗透法）。利用半透膜进行分离的物理过程。其工作原理是在膜的一侧施加压力，使水从浓缩溶液中逆向渗透，从而实现对水的净化和去除溶质的目的。逆渗透法的核心在于半透膜，这种膜具有特殊的孔径和结构，能够允许水分子通过，同时阻挡大部分溶质和杂质。逆渗透法可以有效地清除溶解于水中的无机物、有机物、细菌及其他颗粒等。逆渗透法的处理成本相对较高，且易出现膜污染现象，这是在实际应用中需要注意的问题。

除了上述几种主要的雨水处理技术外，还有一些辅助技术，如雨水初期径流弃流技术、促渗技术和污染物降解技术等，它们共同构成了雨水资源化过程中的完整处理体系。这些技术的选择和应用应根据当地的实际情况、水质需求和经济条件进行综合考量。

3．利用途径

雨水利用方式多种多样，主要取决于当地的气候条件、降雨特性以及雨水收集和处理技术的可用性。以下是一些常见的雨水利用方式：

（1）绿化与景观用水。雨水可用于城市公园、街道绿化带、花坛等场所的灌溉，一方面减少城市对自来水的需求，另一方面有助于提升城市生态环境。

（2）补充地下水。通过渗透设施将雨水引入地下，补充地下水资源，有助于维持地下水位，减少地面沉降等问题。

（3）工业用水。经过适当处理的雨水可作为冷却水或其他非直接接触工业用水，从而降低工业用水成本。

（4）生活用水。经过深度处理的雨水可用于生活中冲厕、洗衣等非饮用水用途。

（5）水景与娱乐用水。雨水可以用于人工湖泊、喷泉、游泳池等水景设施的补给水，为市民提供休闲娱乐场所。

（6）消防用水。在一些地区，雨水收集系统还可以作为消防用水的备用来源，确保在紧急情况下有充足的水资源可供使用。

3.4.4 低碳城市海绵设施规划工程技术

在快速的城市化进程中，传统的城市排水系统面临着越来越大的压力。为了应对这一挑战，我国提出了海绵城市的概念，旨在通过模拟自然生态系统的循环机制，改善城市水环境，提高城市的可持续发展能力。通过植草沟、雨水花园、绿色屋顶等雨水径流管理技术，实现雨水的渗透、滞留、蓄存、净化、利用和排放，减少城市内涝，促进水资源的循环利用，进而实现城市雨水低碳化管理。

海绵城市的核心在于"低影响开发"（Low Impact Development，LID），这一概念最早由美国学者提出，后被我国学者和政策制定者引入并发展，形成了适合我国国情的海绵城市理念。海绵城市强调在城市规划和建设中，应尽量减少对原有水文循环的影响，通过一系列生态化措施，如绿色屋顶、透水铺装、雨水花园等，提高城市对雨水的渗透、滞留、蓄存、净化、利用及排放能力。在海绵城市的构想中，城市的每一部分都被视为雨水管理的重要组成。道路、广场、公园、住宅区等城市空间，都可以通过设计成为雨水的收集和利用场所。表3-2所列为主要的低碳城市海绵设施规划工程技术设施。

海绵城市主要工程技术设施　　　　表3-2

序号	技术设施	技术说明	主要功能	污染物去除率（%）
1	绿色屋顶	由植被种植层、蓄水池、排水层等组成，对建筑屋顶雨水进行减量及截污	渗、滞	70～80
2	雨水花园	通过建立生态滞留系统，渗透、消纳、净化场地雨水，兼具景观功能	渗、滞、净	70～95
3	透水铺装	利用透水砖替代沥青、水泥等不透水路面材料，提高雨水下渗能力	渗	80～90
4	植草沟	依绿化带建设，渗透、削减雨水径流	渗、滞、排	35～90
5	下沉式绿地	通过竖向高程设计，消纳场地或道路雨水，截流小流量雨水径流	渗、滞	—
6	雨水湿地	通过建立生态湿地系统，发挥对雨峰流量的削减及雨水水质净化作用	滞、蓄、净	50～80
7	蓄水池	地下或地上封闭式建造的雨水蓄存设施	蓄、用	80～90
8	雨水桶（罐）	地上或地下封闭式的简易雨水集蓄设施，采用塑料、玻璃钢或金属等材料制成	蓄、用	80～90

3.5 低碳城市再生水系统规划工程技术

3.5.1 城市再生水系统结构与组成

城市再生水系统主要由水源、处理、储存、输配和监测5个部分组成。在单一模式系统中，再生水一般以污水处理厂二级出水作为水源，处理单元的配置取决于再生水水质和用户的要求，再生水经过储存和输配供用户端使用。监测系统应覆盖再生水系统全流程。

1．再生水水源

在污水处理设施建成区域，以污水处理厂二级出水为再生水水源，再生水厂建设宜靠近水源收集区和用户集中区。污水处理设施未建成或污水处理能力有限的区域，可将未经处理的污水直接用于再生水水源。水源类型方面，再生水水源应以生活污水为主，使用工业废水和医药废水作为水源时，应严格控制其水质，达到相关排放标准时才能进入污水收集系统。含大量有毒有害物质的工业废水和放射性废水不应作为再生水水源。

2．再生水处理设施

再生水处理系统应满足安全性、稳定性、经济性、可靠性和环境友好性，针对再生水不同利用途径，需进行符合健康和环境安全目标的水质评价。

3．再生水储存设施

再生水储存设施包括开放式和封闭式2种，开放式包括水库或水塘，封闭式包括覆盖式水箱或地下含水层，设施选择应考虑气象条件、地理位置、投资和运行成本等。

4．再生水输配设施

再生水输配设施指将再生水由再生水厂输配至用户的设施，包括系统管道、渠道、河道及配套设施等。经深度处理后进入输配管网的再生水可能仍含有一定有机物和微生物，因此再生水输配系统还需包括再生水输配过程水质变化与控制、用户端水质水量要求和管道错接防范。

5．再生水监测设备

需根据再生水利用途径和安全评价结果对再生水进行流量和水质监测。常规水质监测指标包括pH值、电导率、总悬浮固体、浊度、生化需氧量（BOD_5）、化学需氧量（COD）、毒性、余氯和指示微生物等。再生水监测系统需在水回用系统全流程的关键控制点运行监测，建议采用在线监测仪器实时监测和记录，并明确监测指标、基准值、频率和周期等。

3.5.2 低碳城市再生水处理规划工程技术

当二级处理出水满足特定回用要求时，可直接再生回用，反之必须经过再生处理技术对其进行深度处理，达到要求后方可回用。深度处理是为满足用户特定要求，在污水处理的基础上进一步强化无机离子、微量有毒有害污染物和一般溶解性有机污染物去除。

1．再生水处理技术类型

城市污水再生利用的核心要求是水质安全。污水再生处理工艺方案应根据不同水源和用途的水质要求，选择不同的单元技术进行组合，并考虑工艺的可行性、整体流程的合理性、工程投资与运行成本以及运行管理方便程度等多方面因素，同时宜具有一定前瞻性。

由于低碳新技术以及新材料的发展，污水深度处理方面出现许多新技术。城市再生水低碳处理技术可分为物理技术、化学技术、物理化学技术和生物技术4类，可根据深度处理指标需求选择合适的技术或技术组合组成处理工艺。

（1）物理技术。物理技术根据原理可分为筛滤技术、沉淀技术、离心技术和过滤技术。

（2）化学技术。化学技术可以分为化学沉淀技术和中和技术。

（3）物理化学技术。物理化学技术主要包括离子交换技术、萃取技术、气提技术、吸附技术、电化学技术和高级氧化技术等。

（4）生物技术。生物技术包括活性污泥技术、生物膜法、自然生态处理等。

2．污水再生利用工程技术组合

污水的深度处理过程通常由多种污水处理技术合理组合，不仅应考虑水源水质特征、处理后水的用途，还应关注技术间互容性及经济可行性。

传统污水二级处理技术直接利用砂滤去除水中细小颗粒物，再经消毒即可得到达标再生水，是广泛使用且经济有效的常规技术，一般与二级污水处理厂共同建设时使用。当二级处理后部分指标无法达标时，一般采用以下方式解决：

（1）二级出水磷不达标时，可在过滤工艺前增加混凝和沉淀工艺，通过投加少量铝、铁、钙盐，形成磷酸铝（铁、钙）沉淀，进一步去除二级污水处理厂不能去除的胶体物质、磷酸根、部分重金属和有机污染物；在此基础上，可在消毒前增加活性炭吸附技术，去除微量有机污染物和微量金属离子、颜色和病毒等。

（2）二级出水消毒副产物和溶解性有机碳浓度较高时，可在砂滤工艺后增设微滤和纳滤技术，其中微滤可截留水中胶体和细菌病毒等，纳滤对二价以上金属阳离子及相对分子质量大于200的有机物质的选择性较强，可去除二级出水大部分盐度和硬度，以及90%以上的有机碳和三卤甲烷前体物，使出水接近安全饮用水标准。

（3）二级出水铁、锰浓度较高时，可使用臭氧氧化技术将溶解性的铁和锰氧化，生成胶体并通过膜分离加以去除，并去除臭味。

（4）二级出水氨氮含量较高时，可联用"生物曝气+粉末活性炭"、超滤和微滤技术，通过粉末活性炭将低分子量不溶性有机物去除，进而通过超滤和微滤膜截留去除氨氮。

3．污水低碳再生处理技术要求与评价

为保证污水再生处理技术的合理性、可靠性和满足低碳要求，需从技

术、经济、环境和可靠性4个方面对其进行评价。评价指标体系见表3-3，其中一级指标用于对指标分类，二级指标用于定量或定性评价。根据评价需要也可设立其他二级、三级或更多级指标。

低碳城市污水再生处理评价指标体系　　　　　　　　　　　表3-3

一级指标	二级指标
技术指标	出水水质、污染物去除率、单位容积去除负荷、单位占地面积去除负荷、污泥产生量等
经济指标	单位水量建设费用、电耗和电耗费用、药耗和药耗费用、水耗和水耗费用、人工和人工费用等
环境指标	臭气产生量、温室气体释放量等
可靠性指标	水质波动率、水质达标率、冗余度、鲁棒性、弹韧性等

3.5.3　低碳城市再生水输配与利用技术

再生水低碳输配在城市再生水厂"规划—设计—建设—运营"全生命周期进行统筹规划，需达到3个主要目标：提升再生水水质、高价值再生有效利用以及降低过程中的碳排放。其中，技术创新是实现绿色低碳发展和"双碳"目标的关键。

1．再生水低碳输配

再生水输配系统主要由清水池、输水管（渠）与河湖、中间调蓄设施、泵站等增压设施和配水管网等组成，配水方式主要包括管道输配、渠道输送和河道输送。再生水输配过程存在一定的能源消耗，可通过以下方式控制再生水输配系统的碳排放水平：

（1）科学的管道布局和合理的泵站设置，减少不必要的能量损失。对渠道输配应考虑自然蒸发和渗透作用导致的水量衰减，必要时宜采取一定水量保障应对措施。

（2）应用流量控制和监测技术。输配系统调度运行应保障系统内各水压监测点的服务压力，在满足用户正常用水的水量、水压和水质需求前提下，节能优化运行。

（3）使用高效节能设备。选择具有高效能比的泵和电机等设备，降低设备的能耗。此外，定期对设备进行维护和升级，确保其处于最佳工作状态。

（4）引入可再生能源和清洁能源。例如，在输配系统中利用太阳能、风能等可再生能源进行供电，探索使用氢能等清洁能源作为替代能源。

（5）加强智能化管理。建立智慧化管理平台，包括地理信息系统、数据采集监控系统及运行电镀系统等，实现对输配系统的实时监控和智能调度。

2. 再生水应用途径

再生水的主要用途有工业用水、生态环境用水、城市杂用水和农林灌溉用水4个方面。再生水用于工业用水，可作为冷却用水、锅炉用水、洗涤用水和工艺用水等。作生态环境用水，再生水可用于娱乐性或观赏性景观环境、河道生态补水以及地下水回灌等。再生水用于城市杂用水可供城市绿化、冲厕、道路清扫、车辆冲洗、建筑施工和消防等使用。再生水用于农林灌溉用水可供农田灌溉和造林育苗等使用。低碳城市再生水系统规划要遵循安全性、稳定性、可靠性和经济性原则。对不同用途再生水的处理技术要求不同，应考虑分质利用，选择因地制宜的低碳再生水技术和系统。

根据用途不同，再生水水质应符合《城市污水再生利用》系列国家标准和《再生水水质标准》SL 368—2006等相关标准规范的要求。再生水依据处理工艺和水质分为A、B和C3个级别。其中A级再生水可用于工业利用、地下水回灌等，B级可用于蔬菜农田灌溉、工业冷却水、景观环境利用和城市杂用等，C级可用于部分旱地和水田作物农田灌溉。各级别再生水的典型用途和对应处理工艺见表3-4。当再生水同时用于多种用途时，水质可按最高水质标准要求确定；也可按用水量最大用户的水质标准要求确定。农田灌溉应满足《中华人民共和国水污染防治法》的要求，保障用水安全。

不同再生水典型用途对应的处理工艺要求　　　　　　　　表3-4

级别		典型用途	对应处理工艺
C	C2	农田灌溉（旱地作物）等	采用二级处理和消毒工艺。常用二级处理工艺主要有活性污泥法和生物膜法等
	C1	农田灌溉（水田作物）等	
B	B5	农田灌溉（蔬菜）等	在二级处理的基础上，采用三级处理和消毒工艺。三级处理工艺可根据需要，选择以下一个或多个技术：混凝、过滤、生物滤池、人工湿地、微滤、超滤、臭氧等
	B4	绿地灌溉等	
	B3	工业利用（冷却用水）等	
	B2	景观环境利用等	
	B1	城市杂用等	
A	A3	工业利用（锅炉补给水）等	在三级处理的基础上，采用高级处理和消毒工艺。高级处理和三级处理可以合并建设。高级处理工艺可根据需要选择一个或多个技术：纳滤、反渗透、高级氧化、生物活性炭、离子交换等
	A2	地下水回灌（地表回灌）等	
		地下水回灌（井灌）等	
	A1	工业利用（电子级水）	
		工业利用（火力发电厂锅炉补给水）	

3.再生水利用效益低碳评价

在低碳背景下，再生水利用应保障安全，水质符合国家标准或相关地方标准的要求，再生水利用效益应遵循合理的评价体系，并依据评价体系对再生水利用效益作评价。

1）再生水利用效益评价指标

再生水利用效益评价包括资源效益、生态环境效益、社会效益和经济效益4个指标类别，每个指标设若干一级指标（表3-5），必要时可设二级或更多级指标。

再生水利用效益评价指标类别及其一级指标　　　　　　　表3-5

指标类别	一级指标
资源效益	常规水源替代量、能源利用量等
生态环境效益	污染物削减量、耗电量、碳排放量等
社会效益	人居环境改善、产业拉动效应等
经济效益	生产成本、供水收入、节省水费、项目经济内部收益等

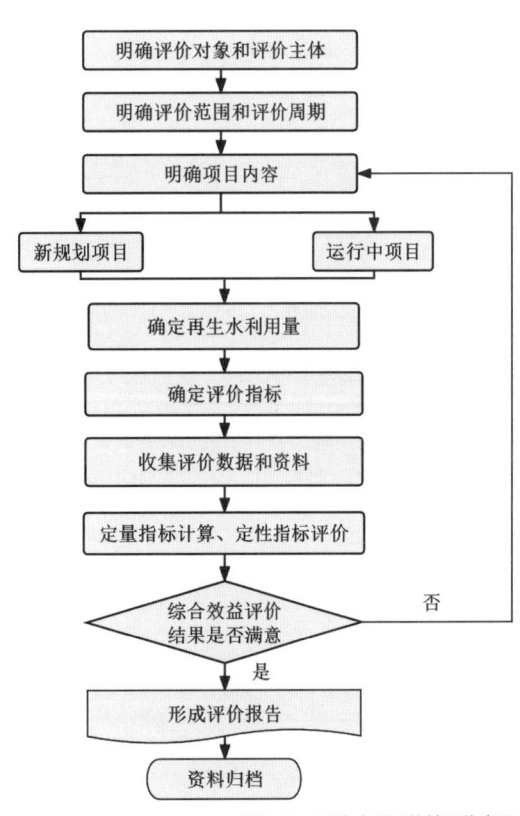

图3-12　再生水利用效益评价流程

2）再生水利用效益评价流程

再生水利用效益评价要遵循科学性、系统性和可操作性原则，按照国家规范程序进行，评价流程如图3-12所示。

首先，明确评价对象和评价主体，评价对象包括再生水利用项目、区域再生水利用工程等；对于某一特定再生水利用项目，评价主体为再生水管理机构、供水企业和用户等；对于某一区域内的再生水利用工程，评价主体为相关行政主管监管部门、再生水管理机构等。

确认评价主体后，明确评价范围和评价周期，划定边界和时间框架。再生水利用项目的评价范围可从污水处理厂达标出水到接入点等，包括再生水处理、输配、设施运行维护等。区域再生水利用工程的评价范围包括区域内再生水水源、再生水厂、再生水输配管网和调蓄设施等。评价周期宜以年为单位计算，也可根据需要，选取一定时段进行计算。

明确基本框架后需明确项目内容，项目基本内容包括用户、用途、水质、水量等；随后，应结合项目特点、地区水资源、地理、社会和经济状况等因素确定再生水利用量。确定评价指标后，通过文献调研、实地考察和问卷调查等方式获取评价所需的相关数据和资料，通过对定量指标的计算和定性指标的评价，全面反映再生水利用的综合效益。

经过综合效益评价得出评价结果，判断其是否符合预期目标。应对资源、生态环境、社会和经济效益进行综合评价，从最低一级指标逐级量化，每个上级指标由其下级指标加权确定，采用德尔菲法、层次分析法、熵权法等确定权重，结果满意后形成评价报告。最终，应对评价报告及相关资料进行规范化整理和归档，确保评价工作的完整性和可追溯性。

第3章 课后习题

课后习题

1. 城市水系统的结构和功能是什么？规划时需要考虑的原则和内容有哪些？

2. 城市水系统碳排放的基本方式和基本原理是什么？

3. 请列举几种常见的饮用水净化技术，并简述其工作原理。

4. 在饮用水净化过程中，为什么需要进行消毒处理？

5. 城市排水系统的体制有哪些？不同排水体制下的污水系统组成有何异同？

6. 城市污水处理主要工艺流程是什么？如何控制污水输运和处理过程中的碳排放？

7. 请列举几种典型的城市雨水低碳化管理工程技术。

8. 雨水收集的途径有哪些？

9. 请理解并论述"海绵城市体现了城市雨水低碳化管理理念"。

10. 再生水低碳处理技术有哪几类？哪些适用于深度处理？

11. 请简述再生水低碳利用效益评价流程。

参考文献

［1］ 熊家晴. 给水排水工程规划[M]. 2版. 北京：中国建筑工业出版社，2023.

［2］ 刘遂庆. 给水排水管网系统[M]. 4版. 北京：中国建筑工业出版社，2021.

［3］ 秦华鹏，袁辉洲，等. 城市水系统与碳排放[M]. 北京：科学出版社，2014.

［4］ 刘然彬，于文波，张梦博，等. 城镇水务系统碳核算与减碳/降碳规划方法[J]. 中国给水排水，2023，39（8）：1-10.

［5］ 郝晓地，李季，吴远远，等. 蓝色水工厂：框架与技术[J]. 中国给水排水. 2023，39（4）：1-11.

［6］ 何嘉莉，郭晓颖，周沛良，等. 自来水厂混凝剂自动投加系统的搭建与长期运行效果分

析[J]. 城镇供水，2022（2）：66-70；90.

［7］ 宋云，刘铭，何康丽，等. 北方某城市水厂净水药剂投加量的影响因素分析[J]. 科技与创新，2023（22）：88-90.

［8］ 王春芳. 活性炭理化特性对饮用水中有机物吸附特性的影响研究[D]. 北京：清华大学，2015.

［9］ 马国军. 城市给水管网的优化布置[J]. 城乡建设，2014（11）：85-86.

［10］中华人民共和国住房和城乡建设部. 中国城乡建设统计年鉴2014[M]. 北京：中国统计出版社，2014.

［11］李玉. 供水管道漏损检测方法综述[J]. 江西建材，2022（6）：12-14.

［12］汪志永，戴红玲，周政，等. 低温低浊水处理技术的研究与应用[J]. 水处理技术，2016，42（10）：20-24.

［13］赖日明，黄剑明，叶挺进，等. 饮用水处理技术现状及研究进展[J]. 给水排水，2012，48（S1）：213-218.

［14］朱欢欢，孙韶华，冯桂学，等. 紫外联用高级氧化技术处理饮用水应用进展[J]. 水处理技术，2019，45（3）：1-7；13.

［15］潘科. 改良式合流制在中小城镇的应用研究[D]. 成都：西南交通大学，2005.

［16］刘英平. 城市排水工程专项规划若干问题研究[J]. 建筑技术开发. 2020，47（9）：74-75.

［17］崔琦，陈卓，李魁晓，等. 再生水系统的可靠性：内涵及其保障措施[J]. 环境工程，2019，37（12）：75-79；108.

［18］苑宏英，谷永，张昱，等. 再生水集中和分散处理与供水模式的历史进程[J]. 给水排水，2017，53（8）：131-136.

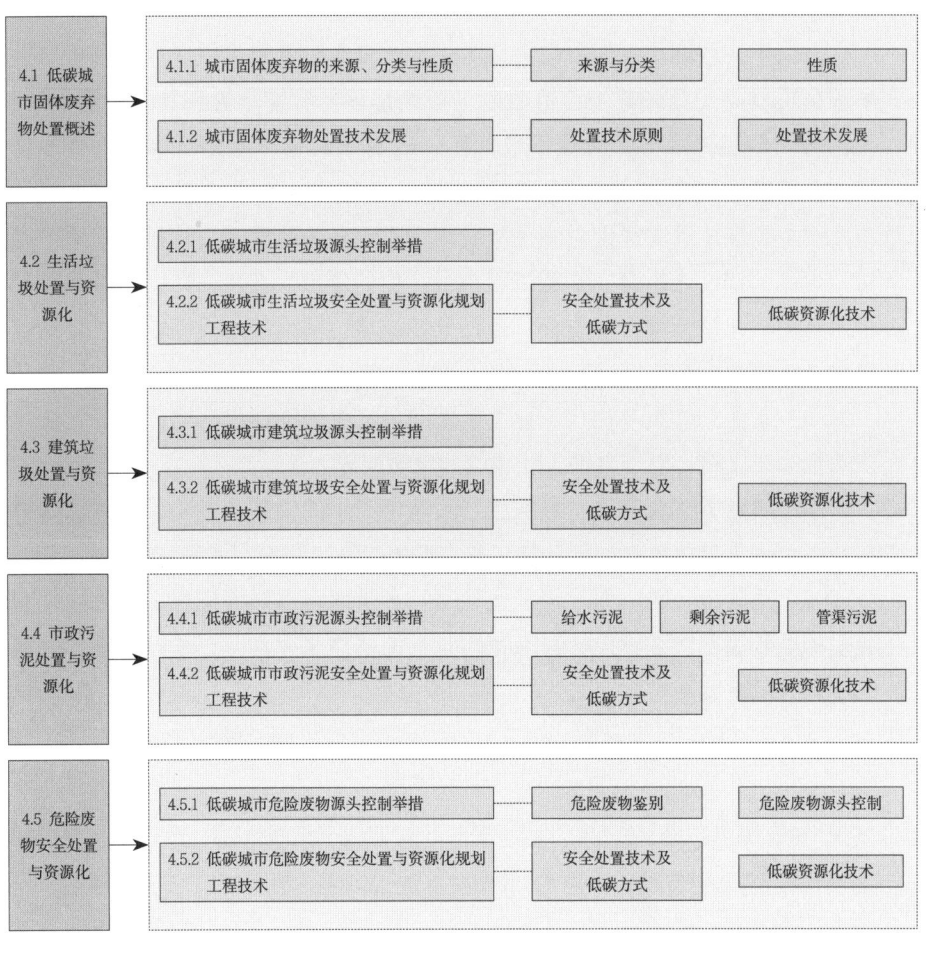

第
4
章

低碳城市固体废弃物处置规划工程技术

4.1.1 城市固体废弃物的来源、分类与性质

1. 固体废弃物来源与分类

城市固体废弃物来源广泛，产量巨大，具备污染和资源的双重属性，被单独列为一大类管理对象。固体废弃物相对于某一过程或某一方面没有使用价值，而并非在一切过程或一切方面都没有使用价值，由于其材料性质与时间和空间上的可变性往往具有巨大的回收再利用潜能。近年来，国家建立健全绿色低碳循环发展经济体系，促进经济社会发展全面绿色转型，固体废弃物的低碳处置和资源回收变得尤为重要。

如图4-1所示，固体废弃物按照产生来源可分为5类，也是固体废物管理和处置中常用的分类方法。

（1）生活垃圾。人们日常生活中或者为日常生活提供服务的活动中产生的固体废弃物，具体分为可回收物、厨余垃圾、有害垃圾和其他垃圾4类，大部分可经过二次分拣直接回收加工，或者作为生产原料再次投入生产建设、日常生活和其他活动中。

（2）建筑垃圾。建设、施工单位或个人对各类建筑物、构筑物、管网等进行建设、铺设或拆除、修缮过程中所产生的渣土、弃土、弃料、淤泥及其他废弃物，包括土地开挖垃圾、道路开挖垃圾、旧建筑物拆除垃圾、建筑工地垃圾和建筑生产垃圾5类。

（3）工业固体废弃物。工业生产活动中产生的固体废弃物，主要包含化工冶金采矿废物、电子废物、废橡胶和废塑料等。

（4）农业固体废弃物。农业生产活动中产生的固体废弃物，根据污染控制原则可分为农业植物性废弃物、畜禽养殖废弃物和农用薄膜3类。

（5）危险废弃物。列入国家危险废物名录或者根据国家规定的危险废物鉴别标准和鉴别方法认定的具有危险特性的固体废弃物，一般分为医疗废弃物和其他危险废弃物。

低碳城市固体废弃物处置规划工程技术 课件

生活垃圾	建筑垃圾	工业固体废弃物	农业固体废弃物	危险废弃物
可回收物	土地开挖垃圾	化工冶金采矿废物	农业植物性废弃物	医疗废弃物
厨余垃圾	道路开挖垃圾	电子废物	畜禽养殖废弃物	其他危险废弃物
有害垃圾	旧建筑拆除垃圾	废橡胶	农用薄膜	
其他垃圾	建筑工地垃圾	废塑料		
	建筑生产垃圾			

图4-1 城市固体废弃物分类

2．固体废弃物性质

城市固体废弃物具有种类繁多和成分多样的特点，不同类型的固体废弃物性质差异很大，一般包括物理、化学、生物化学和感官性质，其中物理性质与化学性质表征是较为常见的城市固体废弃物的性质表征手段。

1）物理性质。一般用粒度、含水率、组分和密度4个物理量进行衡量。

（1）粒度。采用筛分法测定，筛子按照筛目排列，依次转到下一号筛子，计算每一粒度微粒所占的百分比。

（2）含水率。固体废弃物中水分质量与固体废弃物总质量的百分比值，该指标是固体废弃物处理处置经济可行性和低碳性的关键决定因素之一，含水率过高的固体废弃物在处理时需要消耗大量能量蒸发水和提高水蒸气的温度。典型城市固体废弃物含水率见表4-1。

（3）组分。固体废弃物中某成分的质量分数，一般是以湿基含量表示，即总质量考虑水分作为组分的一部分，反之为干基含量。不同的固体废弃物可以按照组分特征不同选择不同的处理工艺。

（4）密度。固体废弃物在自然状态下单位体积的质量，一般以"kg/m^3"表示，其数值会因成分或者压缩程度的不同变化较大。密度的计算与固体废弃物的运送设备和处理处置设备关系较为密切，典型城市固体废弃物密度见表4-1。

典型城市固体废弃物的含水率和密度 表4-1

成分	含水率/%	密度/(kg/m^3)	成分	含水率/%	密度/(kg/m^3)	成分	含水率/%	密度/(kg/m^3)
食品废物	50～80	120～480	橡胶	1～4	90～200	废木料	10～40	120～320
废纸类	4～10	30～130	皮革类	8～12	90～260	玻璃陶瓷	1～4	160～480
硬纸板	4～8	30～80	庭院废物	30～80	60～225	非铁金属	2～4	60～240
塑料	1～4	30～130	混合垃圾	15～40	90～180	钢铁类	2～6	120～1200
纺织品	6～15	30～100	"马口铁"罐头盒	2～4	45～160	渣土类	2～12	360～960

2）化学性质。一般用挥发分、灰分、元素组成及热值等指标进行衡量。

（1）挥发分和灰分。代表固体废弃物的有机质和无机质含量，挥发分指可以燃烧或挥发的物质，灰分指不能燃烧也不挥发的物质。

（2）元素组成。主要是指固体废弃物中C、H、O、N、S以及灰分的百分含量。测定固体废弃物的元素组成有助于推测其热值，可确定焚烧法对废弃物处置的适用性，可推测堆肥或者生化处理中的需氧量，对废弃物处理处置方法的选择有一定指导意义。

（3）热值。表示固体废弃物通过化学处理转化为能量时的转化潜力，定义为单位质量或体积的固体废弃物完全燃烧时所放出的热量。

4.1.2 城市固体废弃物处置技术发展

1．固体废弃物处置技术原则

2020年，国家发布新版《中华人民共和国固体废物污染环境防治法》，明确规定了固体废物处置的"三化"原则，即"减量化""无害化""资源化"，以此为基础进行处置技术选择。

（1）减量化。采取适当的技术手段减少固体废弃物的数量、体积和排放量，减轻或消除其污染特性。固体废弃物减量化主要从两个方面着手：一是从"源头"上直接减少固体废弃物的产生和污染危害；二是减少固体废弃物容量，对产生的废物进行有效处置和最大限度地回收利用，减少固体废弃物的最终处置量。

（2）无害化。固体废弃物经过物理、化学或生物技术，实现环境无害或低危害的目的，达到固体废物的消毒、解毒或稳定化，防止并减少污染危害。固体废弃物无害化处置的技术较多，例如垃圾焚烧、卫生填埋、堆肥化、解毒处理等。

（3）资源化。采取适当的处置技术，从固体废弃物中回收有用的物质和能源。资源化包括三个范畴，一是物质回收，即从固体废弃物中直接回收物质；二是物质转化，即将固体废弃物中的物质转化为新的形态进行回收利用，替代某些工业原料；三是能量转化，即将固体废弃物的化学能转化为可回收利用的能源，如垃圾焚烧发电、厌氧消化产沼气等。资源化具有环境效益高、综合成本低等优势，且具有经济收益，同时还可除去某些潜在的毒性物质，减少固体废弃物的最终无害化处置量。

2．固体废弃物处置技术发展

固体废弃物的常规处置技术有卫生填埋、焚烧、堆肥和露天堆放，厌氧消化和热解技术作为新型技术也逐步成熟，广泛应用于有机固体废弃物的处理处置领域。

常规固体废弃物处置技术中，卫生填埋是应用较早的技术，具有处置量大、工艺简单、设备投资较少等优势，但也存在很大弊端，比如有机质腐烂发臭带来二次污染、运输成本高、占用大量土地资源等。

近年来，焚烧成为很多国家综合利用废弃物资源所采取的重要手段，但其对于焚烧设备和尾气处理都有较高的技术要求。

新型城市固体废弃物处置技术中，好氧堆肥和厌氧发酵逐渐成为优选的生物技术。好氧堆肥是在一定的条件下好氧菌将废弃物中的有机质降解的过程，产物可用于园林绿化和垃圾场覆土填埋等。厌氧发酵是利用微生物的厌氧代谢功能将有机质转化为沼气等生物能源，实现废弃物资源化。

此外，热解技术也逐渐成为城市固体废弃物资源化的优选热化学处置技术，能够将常规方法难以处理的低价值生物质转化为高价值气、液、固产物，减少废弃物体积，同时提取热能或电能以及高附加值化学品。

当前，固体废弃物资源化是以碳减排为导向、资源回收为核心的新途径，其基本途径可以归纳为以下几个方面：提取有价组分、生产建筑材料、生产农肥、回收能源和取代工业原料。

4.2 生活垃圾处置与资源化

生活垃圾是指在日常生活中或者为日常生活提供服务的活动中产生的固体废物以及法律、行政法规规定视为生活垃圾的固体废物。生活垃圾处理技术的选择与人口聚集程度、土地资源状况、经济发展水平、生活垃圾成分和性质等情况息息相关。

4.2.1 低碳城市生活垃圾源头控制举措

从产品生产、销售、使用等全生命周期促进生活垃圾减量，是控制城市生活垃圾产生的重要举措。

（1）限制过度包装。一方面在产品生产和销售过程中减少包装废物，减少一次性垃圾的产生；另一方面建立包装回收体系，促进包装再利用。

（2）改进燃料结构。通过推广太阳能、风能等新能源，以及采取集中供热等方法，减少灰渣的产量。

（3）控制厨房残余垃圾的产量。鼓励净菜上市和洁净农副产品进城，减少地产蔬菜废弃物进城，推动生活垃圾分类高质量发展。

（4）推广物品的循环使用。如购物时使用菜篮和布袋，在餐饮和宾馆等行业限制一次性物品的使用等。

4.2.2 低碳城市生活垃圾安全处置与资源化规划工程技术

1．生活垃圾安全处置技术及低碳方式

1）生活垃圾安全处置技术

卫生填埋和焚烧处理是现阶段我国城市生活垃圾处理的主要方式。2022年我国城市生活垃圾清运量达到24419.3万吨，其中焚烧处理占比79.8%，填埋处置占12.4%。图4-2展示了2016—2022年我国城市生活垃圾处理情况（数

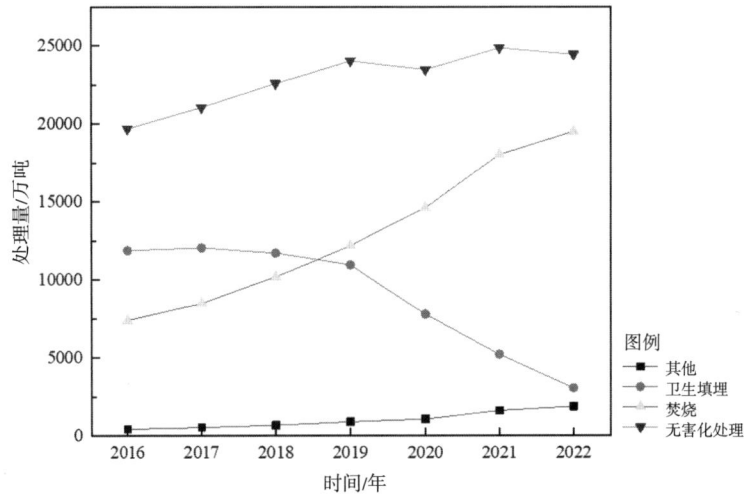

图4-2 2016—2022年我国城市生活垃圾处理情况

据来源于国家统计局2017—2023年《中国统计年鉴》)。

（1）焚烧处理适用于土地资源紧张、卫生填埋场地缺乏和经济发达的地区，进炉垃圾平均低位热值高于5000kJ/kg。生活垃圾焚烧产物的主要成分见表4-2。其中，烟气是垃圾焚烧产生的颗粒物、酸性气体、重金属和有机污染物；炉渣是生活垃圾焚烧后从炉床直接排出的残渣，及过热器和省煤器排出的灰渣；飞灰是烟气净化系统捕集物和烟道及烟囱底部沉降的底灰。

生活垃圾焚烧产物主要成分　　　　　　　　　　　　　表4-2

生活垃圾焚烧产物	主要成分
烟气	酸性气体（HCl、HF、SO_2、NO_2等）、有机氯化物（二噁英、呋喃、多氯联苯等）、重金属（Hg、Cd、Pb等）
炉渣	氧化锰、二氧化硅、氧化钙、三氧化二铝、三氧化二铁、废金属，以及少量未燃尽的有机物等
飞灰	痕量重金属镉、铅、铬、铜、锌等和有机污染物二噁英、苯并芘、呋喃等

（2）卫生填埋是将垃圾进行压实、覆盖，技术成熟且操作简单，对于处理大量垃圾的需求有较好的应对能力。然而由于其具有占地面积大和二次污染风险的缺点，填埋现在通常被视为垃圾处理的最后手段。

2）生活垃圾安全处置的低碳方式

（1）焚烧处理

首先，生活垃圾焚烧发电技术可以为城市提供大量的能源，实现能量的回收利用，从而降低碳排放。其次，焚烧产物处理后也可进行回收利用。飞灰经水洗、固化/稳定化、成型化、低温热分解、高温烧结、高温熔融等处理后可用作水泥原料、肥料和用于制备玻璃。炉渣经过筛分、破碎、分选等工艺处理后可用作道路辅料、管沟回填土、垃圾填埋场覆土等。

（2）卫生填埋

首先，垃圾填埋气中包含一些可燃气体组分，经过收集和净化处理后可作为能源使用，从而减少温室气体的排放，实现能源的可持续发展。其次，填埋场中的渗滤液经过滤、沉淀、浮选、蒸馏等工艺处理后可回收其中的重金属、氨氮等成分，还可作为微生物燃料电池的基质或进行氢气制取等。此外，填埋场内的陈腐垃圾可以进行焚烧发电，也可以通过微波裂解加热，分解出的气相和液相产物作为燃气和燃油，从而降低能源消耗。陈腐垃圾中的腐殖土可用于净化污水或作为土壤改良剂和栽培基质等。

2．生活垃圾低碳资源化技术

生活垃圾分类收集应与分类处理相结合，从而有效提高生活垃圾的资源化利用率。

（1）厨余垃圾具有含水率高，热值低，有机物含量高，易腐烂的特征，因此厨余垃圾经过分选后，除了可以进行焚烧和填埋外，还可以进行资源化利用。厨余垃圾处理工艺见表4-3。厨余垃圾经过处理后可转变为沼气、生物柴油、有机肥和饲料等，从而实现资源的回收与再利用，获取经济效益。同时，资源化处理可以有效减少垃圾填埋和焚烧的需求，降低对环境的污染和压力，还可以减少甲烷等温室气体的排放，改善空气质量。

厨余垃圾处理工艺 表4-3

厨余垃圾 处理工艺	处理工艺描述
预处理	通过破袋、破碎、分选、磁选等设施与设备，将厨余垃圾中混杂的不可降解物去除
厌氧消化工艺	在无氧条件下，利用厌氧菌分解厨余垃圾中的有机物；在缺氧或无氧的条件下，利用微生物代谢活动，使有机物降解成无机化合物并产生沼气
好氧生物处理	在有氧条件下，通过微生物的代谢活动将厨余垃圾转化为有机肥
饲料化处理	通过物理手段对厨余垃圾进行高温加热、干燥、杀毒、杀菌、脱盐等处理，最终产生蛋白质饲料添加剂等可用物质；或利用厨余垃圾进行昆虫养殖（如蚯蚓、黑水虻等），产出昆虫饲料

（2）可回收垃圾包括废弃电器电子产品、废纸张、废塑料、废玻璃、废金属五大类。部分垃圾如啤酒瓶等，经过清洗后可保持其原有的使用功能的，可直接回收利用；废纸张、废塑料、废玻璃、废金属等，经过回收处理后，可作为材料制备新产品。

（3）有害垃圾，如废电池、废荧光灯管、废油漆桶等，将有害物质分离处理后可进行回收利用。如含有金属、塑料等可回收物质的有害垃圾，通过特定的分离和提纯技术可将这些物质提取并利用。

（4）其他垃圾指除可回收垃圾、厨余垃圾、有害垃圾以外的其他生活垃圾，主要为不宜再利用、污损的用品，如受污染与不可再生利用的纸张、不可再生利用的生活物品和灰土、陶瓷及其他难以归类的物品等。可收运至生活垃圾无害化处理场所，进行焚烧发电、水泥窑协同处置或卫生填埋处理。

4.3 建筑垃圾处置与资源化

建筑垃圾是工程渣土、工程泥浆、工程垃圾、拆除垃圾和装修垃圾等的总称。各类建筑垃圾的主要来源见表4-4。

建筑垃圾的分类和主要来源　　　　　　　　　　　　　表4-4

建筑垃圾类型	主要来源
工程渣土	各类建筑物、构筑物、管网等基础开挖过程中产生的弃土
工程泥浆	钻孔桩基、地下连续墙、泥水盾构、水平定向钻及泥水顶管等施工过程中产生的泥浆
工程垃圾	各类建筑物、构筑物等建设过程中产生的弃料
拆除垃圾	各类建筑物、构筑物等拆除过程中产生的弃料
装修垃圾	装饰装修房屋过程中产生的废弃物

4.3.1　低碳城市建筑垃圾源头控制举措

从源头上预防和减少建筑垃圾的产生，从而实现工程全寿命期的建筑垃圾减量排放是大力推进生态文明建设的客观需要，也是全面推进形成绿色低碳发展方式的重要措施。

（1）施工现场源头减量。通过优化施工方案，减少建筑垃圾的产生；最大限度利用施工现场的永久性设施，推进临时设施和永久性设施的结合利用；采用标准化功能模块和部品构件，提高设施和材料的重复利用率。推行信息化管理，对建筑垃圾减量化全过程进行监管。

（2）施工现场建筑垃圾分类收集与存放。在施工现场按《建筑垃圾处理技术标准》CJJ/T 134—2019对工程渣土、工程泥浆、工程垃圾和拆除垃圾进行分类收集及存放，并建立相应的管理制度。

（3）施工现场建筑垃圾就地处置。在施工现场对建筑垃圾进行就地资源化处置。土类建筑垃圾进行土质改良后可用于土方回填；金属类建筑垃圾经简单加工后回用于工程；无机非金属建筑垃圾可制备成再生粗骨料并进行资源化利用。

（4）施工现场建筑垃圾排放控制。通过建筑垃圾分类称重和现场记录等方法，实时公示建筑垃圾出场排放量，并确保建筑垃圾分类后运往相应的处置或消纳场所。

4.3.2 低碳城市建筑垃圾安全处置与资源化规划工程技术

1．建筑垃圾安全处置技术及低碳方式

1）建筑垃圾安全处置技术

（1）建筑垃圾堆填。堆填是利用现有低洼地块或即将开发但需提高地坪标高的地块，使用建筑垃圾代替部分土石方进行回填。

（2）建筑垃圾填埋处置。建筑垃圾经破碎、打磨等预处理环节后，可进行填埋处置。填埋包括防渗、铺平、压实、覆盖等处置过程。

（3）建筑垃圾再生处理。建筑垃圾再生处理工艺包括给料、除土、破碎、筛分、分选（人工、磁选、风选、水选）、粉磨、输送、贮存、除尘、降噪、废水处理等工序。生产再生粗骨料和再生细骨料并进行资源化利用。

（4）建筑垃圾处理过程的粉尘防治。在建筑拆除、建筑垃圾运输和建筑垃圾处理过程中都会造成粉尘污染。可以通过洒水降尘、封闭设备、局部抽吸等措施控制粉尘污染。

（5）建筑垃圾处理过程的噪声控制。可以通过合理安排作业时间、采用低噪声设备、设置隔声屏障、选取低噪声运输车辆、建立缓冲带、封闭车间等方法来减少噪声污染。

（6）建筑垃圾处理过程的废水处理。物料清洗和设备冷却过程中产生的废水，根据废水产生的特性和来源，实施废水分流处理。对废水进行预处理，通过物理方法，如沉淀、筛网等，去除废水中的大颗粒悬浮物和沉积物。继而通过膜分离、活性炭吸附等技术进行深度处理，确保废水达到排放标准。

2）建筑垃圾安全处置的低碳方式

（1）合理规划施工工序和运输路线。建筑垃圾收集、运输和处理过程中，车辆和设备运行都需要消耗电能或燃油，从而产生碳排放。通过合理规划施工工序和运输路线，同时推广使用太阳能、风能等可再生能源，能够有效减少碳排放。

（2）建筑垃圾分类处理。对建筑垃圾进行分类处理，一方面将可回收材料进行回收利用，减少采矿和生产新材料的需求；另一方面便于降低后续处

理过程中的能耗，从而减少碳排放。

（3）建筑垃圾填埋技术优化。建筑垃圾堆填和填埋过程中，通过优化填埋技术，如分层填埋、压实填埋等，减少填埋场的占地面积，降低土地资源的消耗。同时，收集填埋过程微生物分解建筑垃圾中有机物产生的沼气，作为清洁能源进行利用，以减少碳排放。

2. 建筑垃圾低碳资源化技术

建筑垃圾可采用就地利用、分散处理、集中处理等模式，按成分进行低碳化处理与资源化利用。

1）土类建筑垃圾

首先，土类建筑垃圾可混合其他废弃物或添加剂制作砖块。其次，土类建筑垃圾经过处理和加工可以作为道路工程的填料或基础材料，可用于路基铺设、路面平整以及路肩加固等，有助于提高道路的承载能力和稳定性。此外，土类建筑垃圾还用于回填工程、景观建设等领域。如在回填工程中作为填充材料填补挖掘后的空洞或低洼地；在景观建设中，用于堆造地形、塑造景观等。

2）混凝土、砖瓦类建筑垃圾

混凝土、砖瓦类建筑垃圾经再生处理得到不同规格的再生骨料，可部分或全部代替砂石等天然集料，与水泥、水等按一定比例混合后制成新的混凝土，或制作再生砖，从而实现资源的循环利用。再生建材不仅具有与传统建材相似的性能，而且在某些方面可能还具有更好的性能，如更高的抗压强度和更好的耐久性。

3）沥青类建筑垃圾

按路面材料类别对沥青进行回收，区分沥青来源、粒级等，并避免混入基层废料、水泥混凝土废料、杂物、土等杂质。再生沥青可以用于路面底基层摊铺等工作中，能够提高路面的坚固度和抗老化性能，也可以应用于沥青混凝土、砂浆等材料中。

4）其他建筑垃圾

其他建筑垃圾如废金属、木材、塑料、纸张、玻璃、橡胶等，都有相应的处理和利用方式，以达到资源化利用的目标。废金属可以通过破碎、筛分和磁选等过程进行分离和回收，作为再生金属材料用于金属制品的生产中；废木材可以通过破碎、干燥、筛分等工艺处理，用于生产再生木料、木塑复合材料等；废塑料可以通过破碎、清洗、熔融等步骤制成再生塑料颗粒，再加工成各种塑料制品；废纸张可以通过破碎、制浆、造纸等工艺过程制成再生纸，用于印刷、包装等领域；废玻璃经过破碎、清洗、筛分等步骤，可生产再生玻璃制品，如玻璃瓶、玻璃砖等，还可以作为道路建设中的骨料，提高路面的抗压性能和耐久性；废橡胶可以通过破碎、脱硫、精炼等工艺处理，制成再生橡胶制品，如轮胎、鞋底等，还可以作为建筑材料的添加剂，用于提高材料的耐磨性、抗老化性能等。

城市市政污泥可分为给水污泥、剩余污泥、管渠污泥三类。给水污泥是指给水处理过程中去除泥沙等悬浮物而产生的污泥，来源于排泥水和反冲洗水。剩余污泥是污水处理过程中产生的副产品，主要由有机物、微生物、溶解性物质、悬浮固体等组成。管渠污泥是排水管网清淤后掏出的沉积物，一般含有大量的无机物质和少量的有机物质。

4.4.1　低碳城市市政污泥源头控制举措

源头控制是市政污泥低碳处置的优先措施，一方面从源头减少市政污泥的产生量，另一方面从源头将产生的固体废弃物进行体积和物质减量，二者均能够减少固体废弃物的后端处置量及其伴生的药耗、能耗，有助于降低固体废弃物处置全过程的碳排放。

1．给水污泥

（1）减少给水污泥源头产生。在企业层面上实施清洁技术，优化生产流程，通过改进工艺、使用环保材料和设备、提高能源效率等方式，减少污泥产生，实现污染物源头控制。

（2）给水污泥原位减量。生物处理、膜技术等，有效降低污泥的体积，这些技术通过优化微生物代谢过程、提高处理效率等方式，实现污泥的减量化。

2．剩余污泥

（1）减少剩余污泥源头产生。调整污泥龄，控制微生物的数量和活性，从而影响剩余污泥的产生量；加强进水的预处理，如格栅、沉砂池等，去除悬浮物和颗粒物，减少后续污水处理产生的污泥量。

（2）剩余污泥原位减量。优化污泥浓缩池，提高污泥的浓缩效果以减少污泥体积；选择高效的脱水方法，如板框压滤脱水、离心脱水等，进一步降低污泥含水率，减少污泥体积。

3．管渠污泥

排水管渠污泥的产生主要来源于污水或雨水中颗粒态污染物在重力缓流

市政污泥处置
与资源化 课程

输运过程中的沉降淤积，其凝胶结构导致黏附于管道底部，随后逐渐生长最终形成管渠污泥。

（1）减少管渠污泥源头产生。优化排水管网水力条件，防止管渠污泥淤积产生，如合理提高管道设计坡度、优化管网拓扑结构、减少颗粒污染物等；改进排水管道材质，减弱黏附淤积，例如采用陶瓷等材料制备管道，降低粗糙度；改变管道构造及排水形式，例如采用压力式排水管道，排水流速较高，能避免管渠污泥产生。

（2）管渠污泥原位冲刷清洁处置。采用高压机械冲洗方法原位冲刷灌渠污泥，或采用NaOH等化学手段破坏管渠污泥凝胶结构，削减内聚力和黏附性，使其随污水流输送至污水处理厂处置，实现管渠污泥原位自清洁。

4.4.2 低碳城市市政污泥安全处置与资源化规划工程技术

1．市政污泥安全处置技术及低碳方式

1）市政污泥安全处置技术

（1）给水污泥。给水污泥可通过排入污水管道和卫生填埋两种技术措施实现安全处置。当给水厂和污水处理厂距离较近时，给水污泥可以直接排入管网输送至污水处理厂处置。将给水污泥脱水制成泥饼后，可运输至填埋场进行卫生填埋处置，该方法具备节省开销、运行简单等特点。

（2）剩余污泥。剩余污泥安全处置技术中，化学稳定化和卫生填埋较为典型。化学稳定化技术指的是使用化学药剂与污泥中的有机物反应，减少污泥的生物活性，形成固化或稳定化污泥。卫生填埋指剩余污泥经浓缩脱水或干化处理后，在填埋场中进行卫生填埋。

（3）管渠污泥。排水管渠污泥的安全处置主要采用卫生填埋技术，对管渠污泥进行组分分离与筛分，并将管渠污泥中的水分脱除，缩小管渠污泥体积，然后送至填埋场进行卫生填埋。

2）市政污泥卫生填埋及低碳方式

卫生填埋是一种土地处置工程技术，能够压实减容，具有工艺简单、投资较低、运行经济、适应性广等特点，但实施过程中需严格控制渗滤液及有害气体污染。卫生填埋处置分类方法较多，按结构形式分为衰竭型、半封闭型和封闭型；按填埋方式分为山谷型、坑洼型和平原型；按降解处置方式分为好氧型、准好氧型和厌氧型。卫生填埋的处置环节主要包括卸料、摊铺、压实、覆土或膜覆盖四个步骤，具体可参考《生活垃圾卫生填埋处理技术规范》GB 50869—2013。

卫生填埋的环境管理包括废气收集处理、污水处理、轻物质和尘土控制、噪声控制、场区环境管理。卫生要求主要有以下六条：达到国家标准规

定的防渗要求、落实卫生填埋作业工艺、污水处理达标、填埋气体有效治理、蚊蝇有效控制、充分考虑终场利用。卫生标准可参考《生活垃圾填埋场污染控制标准》GB 16889—2024、《生活垃圾卫生填埋场环境监测技术要求》GB/T 18772—2017等标准。

卫生填埋的低碳方式主要来源于降低直接碳排放和间接碳排放两方面。一方面，可采用污泥稳定化或生物抑制剂等技术削减卫生填埋过程中的有机物腐化及其温室气体生成排放。另一方面，通过合理布置填埋场防渗设施和废气收集处理设施等，减少卫生填埋的二次环境污染，间接削减环境治理产生的碳排放。

2．市政污泥低碳资源化技术

1）给水污泥

（1）混凝剂回收。通过酸消化、碱化、离子交换和膜分离等不同的方法可以从污泥中回收混凝剂，可以减少给水污泥固体量，回收的铁盐或铝盐可以继续投入使用。

（2）制备吸附剂和填料。给水污泥具有较大的比表面积和孔隙率，可用于制备吸附剂或人工湿地填料。

（3）制备混凝土。给水污泥经过高温活化具有火山灰活性，可以部分地替代硅酸盐水泥，制作混凝土，节省水泥使用；同时给水污泥富含铝，制成的混凝土的耐腐蚀性好，适用于污水管道混凝土制备。

（4）制备陶粒。陶粒具有优异的性能，广泛应用于建材、园艺、化工等行业，但其原料大部分来源于土地。利用给水污泥烧制陶粒，可以节约土地资源，并避免二次污染。

2）剩余污泥

（1）厌氧发酵。以剩余污泥有机质为营养源，利用厌氧微生物将其降解转化为甲烷沼气，实现能源回收。可去除30%～50%的有机物，反应过程包含水解、酸化、产氢产乙酸和产甲烷四个阶段，发酵装置如图4-3所示。此外，也可调控发酵反应过程，使其停留在产氢产乙酸阶段，以中间产物挥发性脂肪酸作为优质碳源回收。

（2）好氧堆肥。在适当氧气条件下，依靠好氧微生物对剩余污泥有机物进行稳定和腐殖化，将其转化为肥料产物，技术原理如图4-4所示。好氧堆肥具有发酵周期短、分解较彻底、无害化程度高、易于机械化操作等特点。

（3）焚烧。通常将剩余污泥焚烧分为干燥、热分解和燃烧三个阶段，技术工艺流程如图4-5所示。剩余污泥经过干燥后，在热分解阶段对有机可燃物质进行化学分解和聚合反应。随后，在有氧条件下进行燃烧，可燃物质浓度逐渐减少，惰性物逐渐增加。剩余污泥焚烧会产生焚烧炉烟气和残渣等副

实践项目 低碳城市规划工程技术课程实验——给水污泥资源化实验方案

实践项目 低碳城市规划工程技术课程实验——离子交换树脂驱动污泥厌氧发酵实验方案

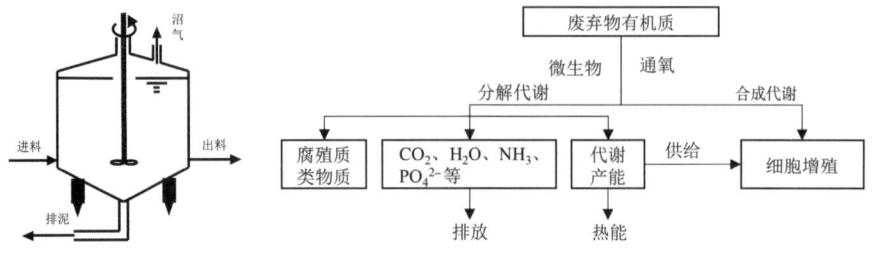

图4-3　厌氧发酵装置示意图

图4-4　好氧堆肥技术原理

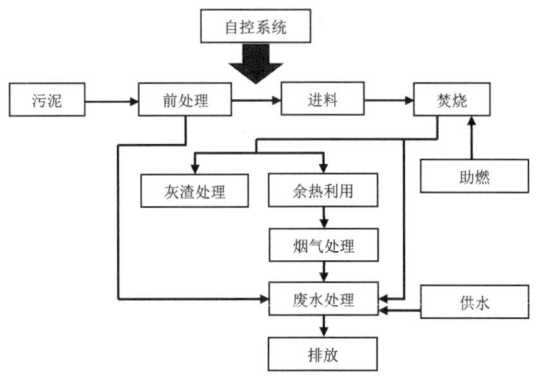

图4-5　焚烧技术工艺流程图

产物，需要进行适当的处理以避免环境污染。焚烧过程中，剩余污泥有机质的化学能转化为热能或电能回收。

（4）热解。在真空环境中进行的热化学反应，剩余污泥的有机质发生裂解和合成反应，包含水分挥发、挥发分分解及中间产物和残余有机组分分解三个阶段，有机物和矿物质被降解和氧化，生成固、液、气三相产物。固相产物有一定的肥力和吸附性，能够作为土壤改良剂、复合肥、生物炭、固体燃料等回收利用；液相产物焦油可以通过催化加氢等技术生产液体燃料和有机化学品。

3）管渠污泥

排水管渠资源化主要利用无机砂石，可制备建筑骨料、陶粒等材料。由于管渠污泥中无机砂石和有机组分交联混杂，因此有机和无机组分分离是管渠污泥资源化的前提。《城镇排水管渠污泥处理技术规程》T/CECS 700—2020明确要求管渠污泥应进行有机无机组分和粗细砂料分离，分离后的无机组分可作为建筑材料使用。

（1）水力淘洗。传统的管渠污泥组分分离主要采用水力淘洗技术，包含筛分、洗涤、分离、脱水等环节，清洗后砂石可回收利用。

（2）新型化学组分分离技术。近年来，国内研究学者开发了碱性水解、热水解、树脂离子交换等管渠污泥组分分离技术，通过瓦解有机组分的黏附作用，促使其溶解于液相，无机砂石保留在固相，实现有机和无机组分的高效分离。但这些技术目前处于技术研发和中试阶段，尚未应用。

危险废物是指列入国家危险废物名录或者根据国家规定的危险废物鉴别标准和鉴别方法认定的具有腐蚀性、毒性、易燃性、反应性和感染性等一种或一种以上危险特性，以及不排除具有以上危险特性的固体、液体或其他形态的废物。

4.5.1　低碳城市危险废物源头控制举措

1．危险废物的鉴别

危险废物的鉴别是有效管理及处理处置的首要前提，危险废物的鉴别应按照以下程序进行（图4-6）。对于混合的危险废物，根据混合后的性质进行鉴别。

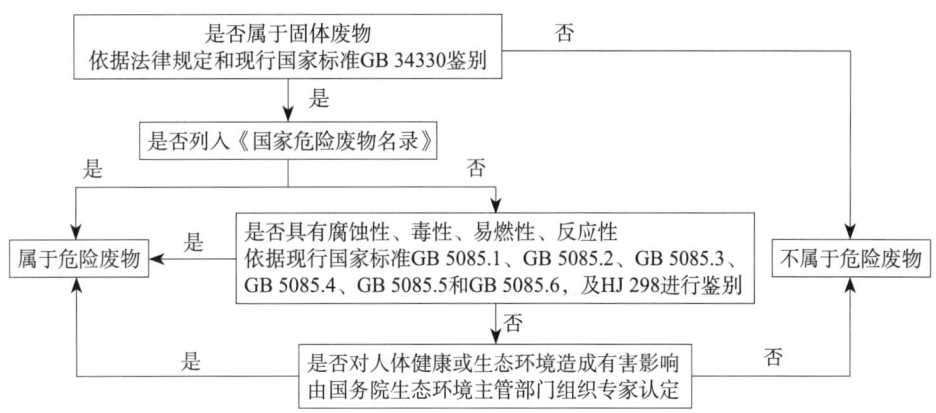

图4-6　危险废物鉴别程序

2．危险废物的源头控制

危险废物的管理需遵循源头减量，过程控制的基本原则。由产生危险废物的单位通过改进原料、工艺、技术、管理等措施，减少危险废物的产量。

（1）原料选择。如选用低毒、低害、质量稳定的原料。

（2）工艺改进。如优化工艺流程、开发清洁生产技术等。

（3）技术提升。如开发新技术、引进先进技术等。

（4）加强管理。如明确责任分工、加强从业人员培训等。

4.5.2 低碳城市危险废物安全处置与资源化规划工程技术

1．危险废物安全处置技术及低碳方式

1）危险废物安全处置技术

（1）焚烧处理技术。通过焚烧将危险废物中的有机成分转化为飞灰和气体，从而实现减量化和无害化，主要包括回转窑焚烧、液体注射炉焚烧、流化床炉焚烧、固定床炉焚烧和热解焚烧等，其工作原理见表4-5。

危险废物的焚烧处理技术工作原理　　表4-5

焚烧处理技术	工作原理
回转窑焚烧	回转窑是一种旋转式窑炉，其基本结构是一个圆筒形层状炉体，具有逐段旋转的动力机构，通过其内部的高温环境对危险废物进行焚烧处理
液体注射炉焚烧	通过泵或其他输送设备，将待处理的液体废物输送到焚烧炉中，通过喷嘴进行雾化，细小的液滴在高温火焰区域内进行悬浮态燃烧
流化床炉焚烧	流化床炉采用的是动态床层燃烧技术。利用高速气流使固体废物在炉内形成流化状态，增加废物与氧气的接触面积，从而实现高效燃烧
固定床炉焚烧	固定床炉采用的是静态床层燃烧技术。在炉膛内，垃圾在一个固定的床层上燃烧，其燃烧过程主要包括干燥、热失重、燃烧和热反应等阶段
热解焚烧	热解焚烧是在无氧或低氧条件下，通过高温加热使废物中的有机物质分解，产生可燃气体和固体残渣

（2）非焚烧处理技术。主要通过物理和化学变化改变危险废物的性质，包括热脱附、熔融和电弧等离子处理等。热脱附处理是一种物理分离过程，通过加热使污染物中的有机污染物或挥发性油分挥发，适用于处置处理挥发性、半挥发性及部分难挥发性的有机类固态或半固态危险废物；熔融技术是一种利用等离子体炬产生的高温热等离子体将危险废物快速分解破坏的技术，适用于处置危险废物焚烧处置产生的残渣和固体废物焚烧处置产生的飞灰等；电弧等离子处理通过等离子体技术使危险废物在高温下迅速热解、裂解并无害化，适用于处置毒性较高、化学性质稳定的危险废物。

（3）安全填埋处理技术。包括单组分填埋处置和多组分填埋处置，填埋过程则包括分层填埋、压实、覆盖等步骤，封场阶段则包括覆盖、监测等措施。

（4）危险废物安全处置过程中的场地修复。当污染物风险超过了场地利用类型的承受范围，需要采用相关技术进行修复。污染场地修复技术按照"源—途径—受体"控制方式，可分为污染介质治理技术、污染途径阻断技术和受体保护技术。污染介质治理技术可分为物理修复技术、化学修复技术、生物修复技术和物理化学修复技术等，主要用于对受到污染的土壤和水体进行修复；污染途径阻断技术主要包括封顶、填埋以及垂直和水平阻断等

方法，可以有效地防止污染物扩散和迁移，从而保护环境和人体健康；受体保护技术包括制度控制措施和人口迁移等。

２）危险废物安全处置的低碳方式

（１）焚烧处理时可通过提高焚烧效率、优化燃烧过程以及采用先进的烟气净化技术来减少二氧化碳和其他温室气体的排放。此外，可以利用烟气中的热量进行能量回收，如发电或供热，从而减少化石燃料的使用，进一步降低碳排放。

（２）安全填埋是危险废物处理的最后手段，虽然其本身并不直接产生碳排放，但可以通过优化填埋场设计、提高填埋效率以及加强填埋场管理来减少填埋过程中可能产生的温室气体排放。

２．危险废物低碳资源化技术

（１）焚烧处理技术。焚烧产物的资源化利用也是降低碳排放的重要手段。焚烧产生的残渣可以经过适当的处理后进行资源化利用，如作为建筑材料、路基材料等。此外，焚烧过程中产生的热量也可以被回收利用。

（２）非焚烧处理技术。非焚烧处理方法可以实现对危险废物的资源化利用，主要适用于含有较多有价值成分或一定热值的废物，如废有机溶剂、废酸、废碱、废矿物油、贵金属污泥、废电池、废电路板等。通过反应提取、物理去杂提纯提取、物理集聚提取等多种技术手段，从危险废物中提取有用物质作为原材料或者燃料。

（３）安全填埋处理技术。在填埋过程中，可以通过建设沼气回收系统来收集和利用填埋气体中的甲烷等有用成分，实现资源的再利用。此外，填埋场稳定化后的土地也可以进行土地再利用，如建设公园、绿地等。

第4章 课后习题

课后习题

1. 介绍城市固体废弃物的类别及主要性质指标。
2. 简述城市固体废弃物处置的技术原则。
3. 生活垃圾低碳化处理过程中有哪些困难和挑战？
4. 生活垃圾分类如何促进其资源化利用？
5. 建筑垃圾再生骨料有哪些优点和缺点？
6. 再生骨料的应用可以延伸到哪些领域？
7. 市政污泥包括哪些类别，典型的资源化处置技术有哪些？
8. 哪些剩余污泥资源化技术能够回收能源？
9. 危险废物处理过程中的哪些环节会产生碳排放？
10. 危险废物资源化利用过程中会产生哪些环境污染问题？

参考文献

[1] 中华人民共和国住房和城乡建设部. 生活垃圾分类标志：GB/T 19095—2019[S]. 北京：中国标准出版社，2019.

[2] 中华人民共和国国家发展和改革委员会，中华人民共和国住房和城乡建设部. "十四五"城镇生活垃圾分类和处理设施发展规划：发改环资〔2021〕642号［Z/OL］.（2021-05-06）[2024-05-25]. https://www.ndrc.gov.cn/xxgk/zcfb/tz/202105/P020210513624038179527.pdf.

[3] 中华人民共和国生态环境部，国家市场监督管理总局. 生活垃圾填埋场污染控制标准：GB 16889—2024［S/OL］.（2024-07-23）[2024-09-25]. https://www.mee.gov.cn/ywgz/fgbz/bz/bzwb/gthw/gtfwwrkzbz/202408/W020250401566109623212.pdf.

[4] 中华人民共和国住房和城乡建设部，中华人民共和国国家发展和改革委员会，中华人民共和国环境保护部. 生活垃圾处理技术指南：建城〔2010〕61号［Z/OL］.（2010-05-04）[2024-05-25]. https://www.mohurd.gov.cn/gongkai/zc/wjk/art/2010/art_17339_200662.html.

[5] 中华人民共和国生态环境部. 生活垃圾焚烧飞灰污染控制技术规范（试行）：HJ 1134—2020［S/OL］.（2020-08-27）[2024-05-25]. https://www.mee.gov.cn/ywgz/fgbz/bz/bzwb/dqhjbh/xgbz/202009/W020200902556206483862.pdf.

[6] 中华人民共和国住房和城乡建设部. 建筑垃圾处理技术标准：CJJ/T 134—2019[S]. 北京：中国建筑工业出版社，2019.

[7] 中华人民共和国住房和城乡建设部. 施工现场建筑垃圾减量化指导手册（试行）：建办质〔2020〕20号［Z/OL］.（2020-05-15）[2024-05-25]. https://www.mohurd.gov.cn/gongkai/zc/wjk/art/2020/art_17339_245455.html.

[8] 中华人民共和国国家发展和改革委员会，中华人民共和国科学技术部，中华人民共和国工业和信息化部，等. 关于"十四五"大宗固体废弃物综合利用的指导意见：发改环资〔2021〕381号［Z/OL］.（2021-03-24）[2024-05-25]. https://www.ndrc.gov.cn/xxgk/zcfb/tz/202103/t20210324_1270286.html.

[9] 黑亮. 城镇污泥安全处置与资源化利用途径探索[M]. 北京：中国农业科学技术出版社，2014.

[10] 谷晋川，蒋文举，雍毅. 城市污水厂污泥处理与资源化[M]. 北京：化学工业出版社，2008.

[11] 中华人民共和国住房和城乡建设部，中华人民共和国国家发展和改革委员会. 城镇污水处理厂污泥处理处置技术指南（试行）：建科〔2011〕34号［Z/OL］.（2011-03-30）[2024-05-25]. https://www.mohurd.gov.cn/gongkai/zc/wjk/art/2011/art_17339_203014.html.

[12] 李欢. 固体废物处理处置技术[M]. 北京：清华大学出版社，2023.

[13] 赵由才，牛冬杰，周涛. 固体废物处理与资源化[M]. 北京：化学工业出版社，2023.

[14] 王晓昌，张承中. 环境工程学[M]. 北京：高等教育出版社，2011.

[15] 中华人民共和国环境保护部. 危险废物处置工程技术导则：HJ 2042—2014[S]. 北京：中国环境出版社，2014.

[16] 中华人民共和国生态环境部，国家市场监督管理总局. 危险废物鉴别标准 通则：GB 5085.7—2019［S/OL］.（2019-11-07）[2024-05-25]. https://www.mee.gov.cn/ywgz/fgbz/bz/bzwb/gthw/wxfwjbffbz/201911/W020191115568392646754.pdf.

[17] 中华人民共和国环境保护部. 危险废物收集 贮存 运输技术规范：HJ 2025—2012[S]. 北京：中国环境出版社，2013.

5.1 低碳城市综合交通系统概述	5.1.1 城市综合交通系统的组成	城市对外交通系统		城市交通系统
	5.1.2 城市综合交通和城市空间的多尺度关系	区域尺度：交通网络促进区域发展	城市尺度：交通线塑造城市骨架	街区尺度：支路网优化局部交通	人本尺度：设施提升出行体验
	5.1.3 城市综合交通系统规划的低碳策略	城市交通运输结构低碳化	城市交通工程设计低碳化	城市交通规划管理智能化	城市交通工程材料绿色化
5.2 低碳城市交通运输结构规划工程技术	5.2.1 城市交通低碳结构工程技术	城市对外交通的低碳结构	城市内部交通的低碳结构	特征与实施策略	
	5.2.2 运输组织多式联运工程技术	多式联运工程技术	集装箱标准化革新	综合运输服务模式	绿色物流实践	碳中和的运输规划方法
	5.2.3 一体化公共交通出行工程技术	多种交通模式融合，实现效率同步提升与可持续性	共享交通工具，交通领域共享经济的实践	无缝连接的交通整合体验	
	5.2.4 城市绿色慢行交通体系优化工程技术	步道系统改善	自行车道发展	城市绿道建设	无障碍设计	慢行交通安全设施完善
5.3 低碳城市道路交通工程设计技术	5.3.1 道路瘦身扩容技术	单向流优化	公共交通节点的强化	车道优化	
	5.3.2 城市道路交叉口优化工程技术	交叉口改造	交通岛的引入	智能信号控制	
	5.3.3 城市道路地下空间开发技术	地下停车场	地下交通基础设施	综合管廊	
	5.3.4 城市道路附属设施优化技术	交通信号灯	行人过街设施	道路标识标线	路缘带
	5.3.5 城市交通韧性恢复技术	模块化快速修复系统	智能传感与实时数据分析	自愈合材料技术	预警系统与紧急响应计划	灵活的交通管理策略
5.4 低碳城市交通规划管理技术	5.4.1 智能交通设施	智能交通系统（ITS）	智能交通信号系统	车联网技术设施	智慧停车系统
	5.4.2 智慧交通出行	车路协同系统		共享出行系统	
	5.4.3 数字交通管理	综合交通数据分析平台		智能交通监测	
5.5 低碳城市交通工程材料利用技术	5.5.1 道路废旧材料再生循环利用技术	废旧沥青混凝土再生利用	废旧混凝土再生利用	温拌沥青路面工程	水泥稳定就地冷再生技术
	5.5.2 绿色道路养护材料及技术	太阳能路面板	降噪路面板	电热型融雪路面	压电发电路面

第 5 章　低碳城市综合交通系统规划工程技术

低碳城市综合交通
系统规划工程技术
课件

低碳城市综合交通
系统规划工程技术
课程

5.1.1　城市综合交通系统的组成

城市综合交通系统是一个复杂的网络，它由多个相互连接和协作的部分组成，以满足城市居民的出行需求和城市经济活动的要求。城市综合交通涵盖了存在于城市中及与城市有关的各种交通形式。从地域关系上，城市综合交通大致分为城市对外交通系统和城市交通系统两大部分。

1．城市对外交通系统

城市对外交通系统是指本城市与其他城市间的交通，及城市行政区范围内的城区与周围城镇、乡村间的交通。其主要交通形式有公路交通、铁路交通、航空交通和水运交通。

（1）公路交通是指在公路设施的基础上，借助汽车等载运工具对人或货物进行有目的的运输，实现空间位置转移。按照承担交通量可以划分为：高速公路、一级公路、二级公路、三级公路、四级公路五个技术等级。公路交通的特点主要有以下几个方面：一是可实现门到门运输；二是中短途运输优势明显；三是运输产品附加值较高；四是机动性强；五是开放程度高。

（2）铁路交通是指使用机车牵引或使用装有动力装置的列车行驶于轨道上的交通线路，按照铁路作用和功能可以划分为：国家铁路、地方铁路、专用铁路和铁路专用线。

（3）航空交通是指使用飞机、直升机等航空器运送人员、货物的一种运输方式。该交通方式运输速度快，是现代旅客运输，特别是远途旅客运输中常使用的交通基础设施，主要包括民用航空和军事航空两个主要部分，其中民用航空又可以细分为国内航线和国际航线。

（4）水运交通是指使用浮运工具，在江河湖泊、人工水道以及海上运送旅客与货物的运输方式。这种类型的交通基础设施的建设利用天然航道，投资成本相对较低，建设资金主要用于港口、通信系统等建设，但水路交通运输基础设施的运量非常大，同时对载运和搬运的要求高，使用该交通基础设施运输时间长、可达性较低，主要包括内河运输和海上运输两大类。

2．城市交通系统

城市交通是指城市（城区）内的交通，包括城市道路交通、城市轨道交通、城市慢行交通和城市水上交通等。其中，以城市道路交通系统、城市轨道交通系统和城市慢行交通系统为主体。

（1）城市道路交通系统。主要由路网系统、交通流和交通监测、控制系统构成。其中，路网系统是交通流运行的载体，交通监测和控制系统指导车流有序通过路网中的冲突点。路网系统、交通监测和控制系统好比沟渠和沟渠之间的控制阀门，通过阀门的控制，控制道路上的交通流有序的通过路网节点，最终使个体车辆到达其行驶的目的地。

（2）城市轨道交通系统。是指服务于城市客运交通，通常以电力为动力，轮轨运行方式为特征的车辆或列车与轨道等各种相关设施的总和。它具有运能大、速度快、安全准时、成本低、节约能源、乘坐舒适方便以及能缓解地面交通拥挤和有利于环境保护等优点，特别适用于大中城市，常被称为"绿色交通"。

根据《城市公共交通分类标准》CJJ/T 114—2007，城市轨道交通包括：地铁系统、轻轨系统、单轨系统、有轨电车、磁浮系统、自动导向轨道系统、市域快速轨道系统。

（3）城市慢行交通系统。是指步行或自行车等以人力为空间移动动力的交通，尤其步行是人们最基本的出行方式，具有零耗能、零排放和通行空间小的优点，是内部出行交通结构中的主导方式，其主要包括自行车道、步行道、无障碍道（残疾人专用道）、水道等非机动车道以及附属设施及重要的交通节点。

5.1.2 城市综合交通和城市空间的多尺度关系

城市综合交通与城市空间呈现多尺度嵌套关系：各个尺度的交通设施和服务相互协调，塑造了城市发展的格局、功能和品质。城市综合交通网络影响城市空间布局和可达性，而城市空间格局又反过来影响交通需求和流动模式。通过优化不同尺度的交通系统，可以促进区域发展、完善城市骨架、营造宜居环境和提升居民出行体验。

1．区域尺度：交通网络促进区域发展

区域尺度研究指针对大都市区、城市群或城市圈等多个城市组成的空间系统的研究以分析城市间的相互作用关系。例如，交通基础设施，如高速公路、铁路、航空等连接不同城市，促进区域间人员、货物和信息的流动；交通枢纽，如机场、火车站成为区域经济发展的门户和中心。完善的交通网络有利于产业协作、资源共享和区域经济增长。

2．城市尺度：交通线塑造城市骨架

城市交通网络的形成促进城市功能空间的分布，主要公路、铁路和航运系统形成城市交通的骨架，塑造城市空间布局和土地利用模式。例如，主干道和轨道交通线，如地铁、轻轨串联城市的商业区、工业区、居住区等主要功能区；交通线形成城市发展的轴线，引导城市扩张和功能分化；交通枢纽，如火车站、交通换乘中心等成为城市空间的重要节点。

3．街区尺度：支路网优化局部交通

街区尺度的交通路网层级主要为城市支路。例如，街道、小巷等城市支路网将城市空间划分为不同片区，完善了城市内部的微循环交通；人行道、广场等步行空间提升了步行者的安全性和舒适性。优化局部交通流动有利于营造宜居的环境，减少交通拥堵和污染。

4．人本尺度：设施提升出行体验

人本尺度研究针对的是"人本尺度城市空间"，即人们可视可感的、与人体联系紧密的城市空间，如广场、公园绿地和居住小区公共空间等。其尺度往往小于街区和地块，能够对城市研究的深度和细致程度进行有效补充。如无障碍设施、坡道、电梯使残障人士和老年人也能便捷通行。共享交通模式，如自行车租赁、共享汽车提供了多元化的出行选择。完善的出行设施提升了居民的出行体验，提高了城市空间的品质。

5.1.3 城市综合交通系统规划的低碳策略

实践项目 低碳出行导向下的城市更新案例

我国城市交通问题以交通拥堵、交通污染、交通秩序混乱、公共交通出行率低为主要特征，其产生的原因可归结为城市道路交通设施供给和交通出行需求的矛盾。供给方面，在快速城市化过程中，道路交通设施建设滞后于城市空间拓展，公交系统的建设滞后于人口增长，造成人均道路面积、人均公交设施水平偏低。需求方面，城市人口增加、城市空间范围扩张、城市空间布局不合理、私家车的普及等带来交通出行需求激增。

正是这一供需矛盾的激化加剧了城市交通问题，造成城市交通碳排放量居高不下。因而可以通过"低碳运输结构—低碳工程设计—智能交通管理—绿色工程材料"四个方面考虑城市综合交通系统的低碳工程设计。

1．城市交通运输结构低碳化

低碳出行导向下的城市倡导市民优先选择绿色公共出行，如通过乘坐公交车、步行、骑行等满足出行的要求。提升城市交通结构的丰富性，促进私人交通为辅、公共交通为主的城市交通结构形成，尤其需要重视自行车道、人行道等道路交通设施的建设。在部分人口较为集中的大中型城市，可以通过建设地下交通设施、轻轨等，缓解地面交通的压力。

2．城市交通工程设计低碳化

城市交通工程设计低碳化应该着重于优化交通网络，推广绿色出行，道路设计、地下空间开发以及道路设施等更加节能化。可以通过车道优化、合理开发

地下空间，如建设地下停车场、地下交通系统，在道路照明、交通信号灯等市政设施中使用节能技术等方法开展交通工程设计低碳化。通过实现工程设计层面的低碳化，打造健康、可持续的出行环境，从而促进居民主动选择低碳出行方式。

3．城市交通规划管理智能化

建立智能交通系统涉及整合先进技术和基础设施，以优化交通流量、提高安全性、降低排放并改善整体交通体验。它包括部署传感器、摄像头和通信网络以收集实时交通数据，如流量、速度、道路占用情况等，使用人工智能和算法分析数据以识别交通模式并实时预测交通需求，以向驾驶员提供实时交通警报和更新并给出优化线路。另外，将公共交通服务与智能交通系统相整合，提供实时巴士和火车信息，并优化路线和调度。

4．城市交通工程材料绿色化

城市交通工程的材料绿色化策略应聚焦于使用环保耐久的建筑材料，如温拌沥青和低噪声路面，以降低全生命周期的资源能源消耗。此外，推广废旧路面和轮胎的资源化利用，以及钢结构桥梁等节能型材料的应用，都是实现材料绿色化的重要措施。交通工程材料绿色化不仅有助于减少建设和维护过程中的碳排放，还能提高材料的循环利用率，促进交通基础设施的可持续发展。

5.2 低碳城市交通运输结构规划工程技术

低碳城市交通旨在通过优化交通结构和提升能效，减少交通运输中的碳排放。这包括对内交通（城市内部交通，如公共交通、非机动车道等）和对外交通（城市与外部区域之间的交通，如铁路、机场"链接"等）的综合规划。低碳交通的推进不单是技术革新成就的体现，它同时反映出政策引导、社会参与和公众意识提升的巨大影响。正是基于这些多元化的努力，低碳交通已经成为推进城市可持续发展的一个关键动力。

在本节内容中，我们将对低碳交通运输结构进行全面深入的探讨，旨在向读者们展现一个立体、深刻的理解视角，并且通过实际案例分析，揭示低碳交通运输结构在全球范围内的应用状态及其带来的积极影响。

5.2.1 城市交通低碳结构工程技术

1．城市对外交通的低碳结构

（1）铁路和水运。优先发展铁路和水运，特别是在货物和远程客运中，相比道路运输，这两种方式在可比口径具有更低的碳排放。

（2）航空交通改革。对于不可避免的航空旅行，推广使用生物燃料和更高效的飞机，以及优化航线和飞行操作，减少燃料消耗。

（3）区域协调。加强城市与周边区域的交通连接，通过制定统一的规划标准和协同政策，提升整体的运输效率和低碳化水平。

2．城市内部交通的低碳结构

（1）公共交通优先。大量使用低碳或无碳排放的公共交通工具，如电动公交车、地铁、有轨电车等。强调高效率和高覆盖率的公共交通网络，以减少私人车辆的使用。

（2）非机动交通发展。大力发展自行车道和步行道，鼓励居民采用步行或骑行等低碳出行方式。

（3）智能交通系统。通过技术手段优化交通流，减少拥堵和停车难问题，从而降低碳排放。

（4）低碳交通方式结构比例。理想情况下，低碳城市中公共交通、非机动车和私人车辆的比例为6：3：1，即大力推广公共交通和非机动交通的使用。

3．特征与实施策略

（1）能效高。所有交通工具和操作都强调高能效，电动车辆（包括电动汽车、电动公交车、电动自行车等）通常比燃油车有更高的能源转换效率。电动车的电机效率可以达到85%以上，而传统内燃机的效率通常只有20%～30%。

（2）排放低。直接采用电动或其他低碳能源动力，间接通过优化路线和减少运输需求来降低碳排放。

（3）多样化和可接入性。提供多样的交通方式，满足不同需求，保证所有人群都能获得可持续的出行选择。利用信息技术和通信技术，如实时交通监控、动态交通信号控制等，优化交通流，减少停车和拥堵时间，从而提升能源使用效率。

5.2.2 运输组织多式联运工程技术

在全球范围内低碳城市建设的背景之下，打造高效绿色物流体系的核心举措之一即运输组织对多式联运模式的深度开发与利用。多式联运融合铁路、公路、海运和空运等各种运输方式的优势，提供端到端的顺畅物流体验，不仅提升了物流效率，亦大幅减少了碳排放量，如图5-1所示。

1．多式联运工程技术

多式联运联接共性关键技术体系涵盖基础网络、载运工具、数据信息、

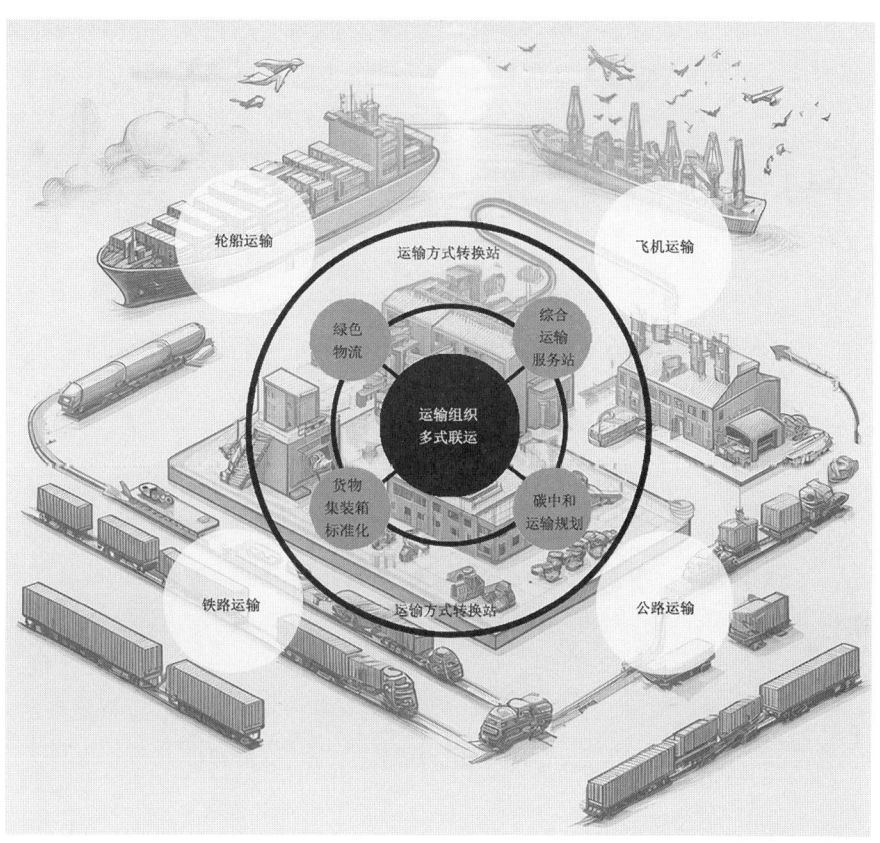

图5-1 多式联运示意图

运输组织、标准规范、枢纽布局六大模块的联接技术。公路、铁路、水路等货物运输方式的高效衔接是多式联运发展的核心，多式联运联接共性关键技术是实现不同货物运输方式衔接的基础，构建多式联运联接共性关键技术体系有助于推动多模式联运高质量发展。

多式联运的核心竞争力在于其无缝接轨的特点，保障货物流转在不同运输模式中的高效衔接。这一策略大幅节省了货物换载的时间及距离，提升了物流速度，同时减少了能源消耗与碳排放，对环境保护和可持续发展具有重要的价值。

2．集装箱标准化革新

集装箱标准化是实施多式联运不可或缺的基础技术。通过统一的设计，集装箱可以实现在不同运输工具间的迅捷搬移，极大地提升整体物流效率。此外，标准化的集装箱还有助于降低装卸作业所产生的额外能耗，促进节能减碳。

3．综合运输服务模式

综合运输服务是将信息流、物流与资金流三者有效融合的综合运输服务，涵盖了物流全链条的管理。该模式依托先进信息技术，精确监控并智能处理运输中的信息，优化资源配置，提高服务效率，并减少无效运载和碳排放。

4．绿色物流实践

多式联运的绿色物流方面注重运用环保操作和技术，以期达成物流活动的环境可持续性，如采用清洁能源车辆、优化包装材料、推广回收再利用等，不断加强绿色物流在整个供应链中的应用，提升企业社会责任形象，并满足日增的环保需求。

5．碳中和的运输规划方法

碳中和运输规划追求运输活动的净零排放，这要求运输活动进行全面的碳足迹评估，并采取一系列减排措施。同时，改进装载方式、运用现代化的物流管理系统等方法，亦有助于减少运输过程的能耗和碳排放。

综上所述，通过推动多式联运技术的运用，促进城市交通的低碳发展，不仅能够提升运输系统的综合效率，也能为实现低碳发展目标提供坚实支撑。随着科技进步和政策引导，将来多式联运将更有可能成为城市运输的优选模式，为构建碳中和社会贡献重要力量。

5.2.3　一体化公共交通出行工程技术

一体化公共交通出行工程技术是指将多种公共交通方式（如公交、地铁、火车、自行车等）整合到一个统一的服务平台上，通过技术手段实现信息共享、支付统一、服务协同，以提高公共交通系统的效率和吸引力，促进绿色出行，减少交通拥堵和环境污染。

在打造低碳城市的进程中，推行一体化公共交通系统是至关重要的一步。该系统的目标在于整合不同类型的交通工具，提倡共享出行模式，并汇聚各类交通资源，力求实现一个高效率、便捷性和环境友好性兼备的出行体系，为城市交通的持续可持续发展提供动力。简言之，一体化公共交通系统对于构建低碳城市具有基础性支撑作用，有助于提升出行效率、削减碳排放并改善城市生态环境，代表着未来城市交通发展的主要方向，如图5-2所示。

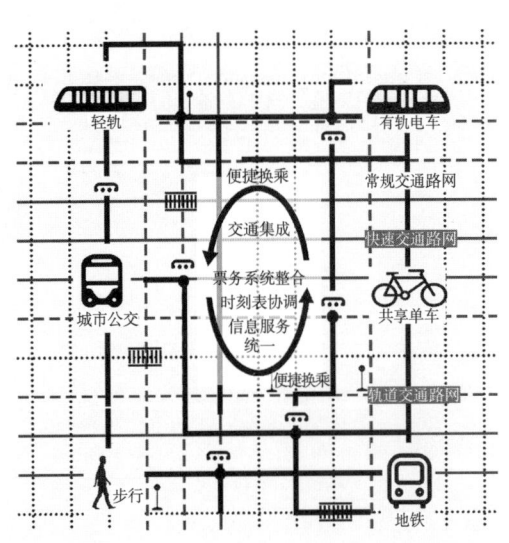

图5-2　一体化公共交通出行示意图

1．多种交通模式融合，实现效率同步提升与可持续性

多元并行交通模式指通过精心规划管理，将各类交通工具（如公共巴士、地铁、轻轨、共享自行车及行人道路）携手打造成一套和谐统一的交通网络体系。这种交通模式不仅能提高公共出行的效率和方便性，还能缓解对私家车辆的过度依赖，从而降低城市交通整体的碳排放量。多元化的出行选项促使出行方式更加合理化，资源分配更加高效。

多模式交通系统的益处在于其能够满足不同群体的出行需求，并提供个性化及差异化服务方案。举例来说，对于追求快速穿梭于城市之间的上班族而言，地铁和轻轨构成了高效出行的优选；对那些进行短程移动或倾向于体能锻炼的市民来说，共享自行车和步行则更为适宜。这一策略不仅拓宽了出行选择的广度与灵活性，也鼓励市民根据个人需要选取最适宜的出行方式，由此优化整体出行结构，并减少不必要的能源耗费与环境污染。

2．共享交通工具，交通领域共享经济的实践

共享经济在交通领域内的应用，诸如共享自行车、共享电动汽摩及共享汽车等，有效拓展了市民的出行选项，提升了城市交通效率，为对抗拥堵问题提供了解决路径。这些交通方式的灵活性，满足了即时出行的需求，优化了道路资源配置。同时，环保技术的采纳，例如电动推进系统，减少了碳排放与空气污染，顺应了可持续发展的趋势。

3．无缝连接的交通整合体验

集成交通关注于提供一个互联的服访平台，简化乘客的购票、行程安排以及信息获取等环节，从而提供一个更为高效、连贯的旅途体验。例如，统一的票务系统可以使乘客在不同的交通工具间转换无障碍，实时的信息服务则帮助他们做出更节能和高效的出行决策。实践一体化公共出行策略将显著提升公共交通吸引力，降低私家车使用频次，减缓交通拥堵与空气质量恶化，进而推动低碳交通系统向前发展。

通过上述措施的推行，城市的公共交通体系将变得更加便于获取，助力减少私人车辆的使用，缓解交通阻塞与空气污染问题，一体化公共出行策略预期将成为保障城市交通可持续性的关键，助力打造一个低碳、高效、具有人文关怀的现代化城市环境，最终促进低碳交通体系的形成。

5.2.4　城市绿色慢行交通体系优化工程技术

城市绿色慢行交通体系的优化工程技术主要涉及步行、自行车等非机动化交通方式的规划、设计和建设，以提高城市交通的可持续性、安全性和便

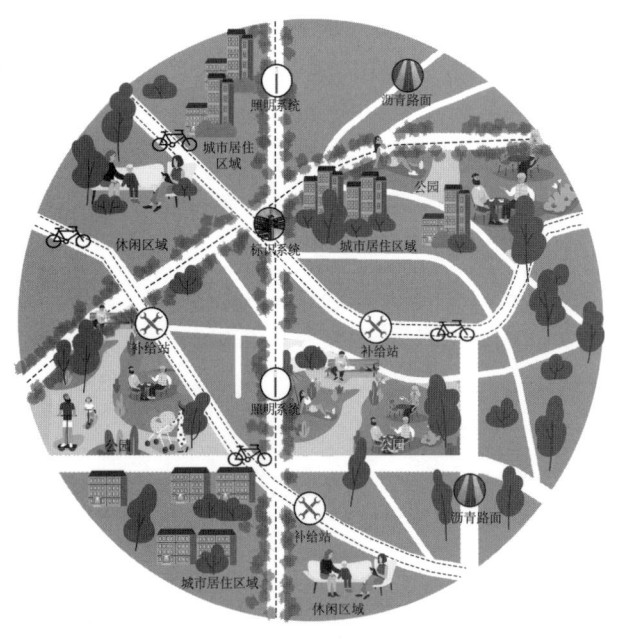

图5-3 绿色慢行交通体系示意图

实践项目 轨道
交通站域城市低碳
设计案例

捷性，如图5-3所示。

绿色慢行交通体系在构建可持续城市的系统工程中扮演着基石的角色。它不只能有效降低碳排放，同时也是提升城市居民生活习惯的重要手段。慢行交通体系倡导的步行、骑自行车等低速出行方式，强调人与环境的和谐共存，并推动健康、环保的生活理念。以下阐述了打造绿色慢行交通体系优化工程技术的核心元素。

1．步道系统改善

城市步道的完善直接影响着市民的步行意愿，涉及宽敞、平坦、安全的路面，以及良好的绿化和休息设施，还包含充足的夜间照明。无障碍设计对于老年人群、儿童和行动不便者尤为重要，确保他们能够安全、舒适地进行步行。步道改善可以通过下列措施实现：增加绿带和休息点、路面材质的提升、照明设施的改进、导向及标识系统的设置和专用步道的规划。优化的步行环境对于形成更加健康、宜居、可持续的城市生活具有决定性作用。

2．自行车道发展

自行车道的规划和建设是促使自行车成为主流出行方式的核心。一个良好的自行车道系统应当提供与机动车道的有效分隔，确保骑行者的安全。同时，自行车网络应贯穿城市主要区域，形成连贯的骑行轨迹。此外，配套的自行车停放处和补给站也十分关键。有效的自行车道设计应满足：安全隔离、连贯网络、舒适便捷和配套服务四项标准。

3．城市绿道建设

城市绿道将公园、休闲区及居民区连缀起来，不仅提供了亲近自然的休闲方式，而且增进了生物多样性的保护。绿道的规划应结合生态保护与景观美化，提供一个既安全又宜人的慢行交通环境，鼓励市民步行与骑行。城市绿道系统的设计原则包括生态友好、美观和谐、舒适安全、功能多样化。

4．无障碍设计

无障碍设计理念在绿色慢行交通体系中至关重要，目标是为所有人提供均等的出行权利，特别是针对老年人、儿童和身体残障人士。无障碍环境的创建需融入交通规划、设计和建设的每一环节，确保每个人都有安全、自由的出行权利。

5．慢行交通安全设施完善

维护慢行交通参与者的安全是体系成功的重点，这包括设置清晰的路标指示、建立行人过街设施，以及在关键地点布置减速装置，降低慢行交通与机动车之间的安全风险。

综上所述，绿色慢行交通体系不仅是城市绿色转型的重要组成部分，也是增强城市魅力和提高生活质量的关键。通过全方位规划与精细设计，能够实现慢行交通与城市环境的和谐融合，为市民营造更具吸引力且富有生活品质的出行空间。

5.3 低碳城市道路交通工程设计技术

低碳城市交通工程技术是指在城市交通规划、建设和运营中，采用一系列绿色、低碳的技术和方法，以减少碳排放、提高能源效率、改善空气质量、促进可持续发展。

当代交通基础设施正经历空前挑战。作为城市命脉的交通联系系统，现在不仅要承载持续增长的人口和日益膨胀的交通需求，还需具备在自然灾害与人为干扰下的韧性，保证其恢复性与适应性。因此，建立具有弹性的道路交通基础设施，是促进城市持续发展的关键所在，也是维护社会经济稳定和公众生活安全的根本。

构筑有韧性的交通基础设施的核心，在于规划和建设一个能够预见和适应未来发展变革，并能抗御各类挑战的交通网络。这需要从多个层面进行深入思考，涵盖使用长效且环保的材质、实践先进的工程设计理念、部署智慧化技术以提高系统响应速度，同时确保网络具有足够的冗余性，以便在紧急状况出现时能迅速恢复运行。

此外，韧性交通基础设施的建设亦强调社区整合和支持力度，保证在设计和规划阶段充分考虑到所有市民使用需求，尤其是对于那些容易受到运输中断影响的弱势群体。采取这种综合性和包容性策略，能够确保交通系统不只是在物理结构上坚固，同时在社会经济维度上也能够经受未来考验。

考虑到全球城市环境的日益复杂化，发展具备韧性的交通基础设施显得尤为重要且迫切，它需要政策制定者、城市规划人员、工程师和社区成员间的密切合作，共同为实现一个更为安全、可依赖、效率更高的交通系统而努力。本节将详尽探讨构建有韧性的交通基础设施的战略、技术，指明面向未来城市交通发展的新趋势，如图5-4所示。

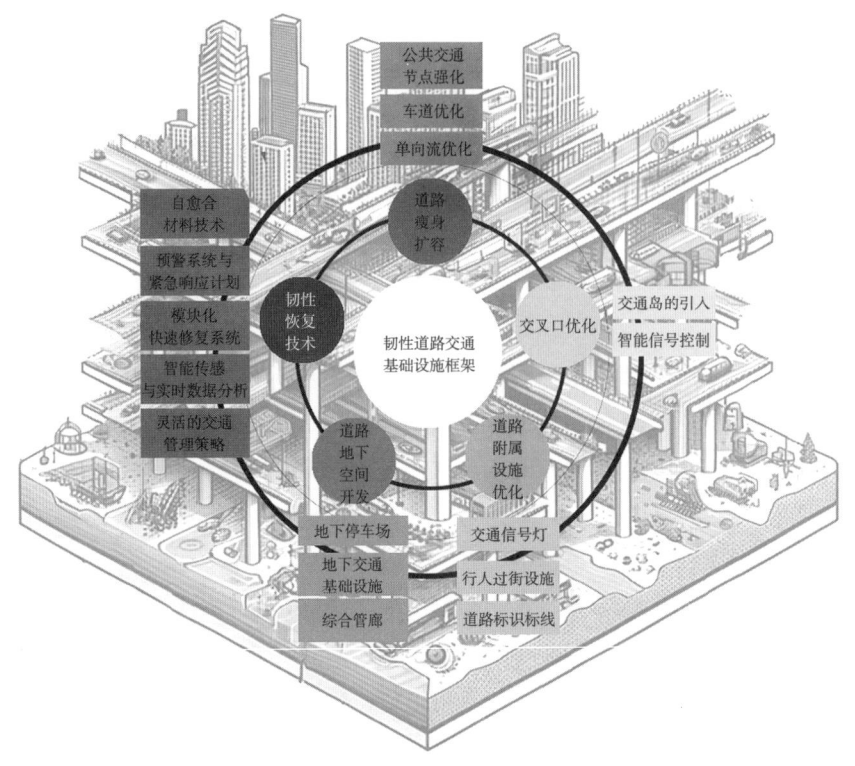

图5-4 韧性交通基础设施架构图

5.3.1 道路瘦身扩容技术

道路瘦身扩容技术是一种交通规划和工程策略，它通过重新分配或优化道路空间，减少机动车道数量或宽度，同时改善或增加非机动车道、人行道、公交专用道等其他交通模式的设施（图5-5）。这种技术可以提高交通安全性、提升交通系统的整体性能，并促进绿色出行。

"道路瘦身扩容"理念主要通过精密的空间利用和资源配置优化，提高路网效率，对抗日渐紧张的交通负荷，缓解城市交通拥堵状况。相对于传统的路网扩宽，道路瘦身扩容更注重对现有道路资源的合理利用和转型升级，采用智能与环保并重的方式满足城市交通需求。

在现代城市规划与道路设计的实践中，"道路瘦身扩容"这一概念因其革新精神，得到了广泛重视与应用。实施道路瘦身扩容的关键技术方法包括：

1. 单向流优化

单向流优化通过改造原有双向道路为单向行驶，优化交通流动模式。此举减少了车辆交会的情形，降低了拥堵概率，并提升了道路容量。单向流优化同样便于简化路口信号体系，增强交通系统的整体运行效率及安全性。

扩容前   扩容后

私家车多
无公交车、自行车道
人行道路窄
无道路绿化

私家车减少
增加公交车、自行车道
人行道路变宽
增加道路绿化

图5-5　道路瘦身扩容示意图

实施单向流优化时需要注意：

（1）评估交通影响。在实行单向流优化前，进行全面的交通影响评估，预测对邻近道路及社区的潜在影响。

（2）公众沟通。广泛听取民意，为居民提供替代出行选择，减轻可能产生的不便。

（3）交通监管。施行单向流优化后，实施相应的交通调控措施，如信号灯优化、交通标志及路面标线设置，确保交通顺畅且安全。

（4）综合来看，单向流优化是一种有效的交通管理策略，通过提高道路通行效率和安全性，有助于实现交通减碳，并促进经济发展。

2．公共交通节点强化

通过提升公共交通节点的可达性和便捷性，鼓励市民优先选择公共交通工具，减少私家车使用。其中关键举措包括在城市主要交通枢纽和人口集聚区新建或优化公交站点，布局合理，易于市民接驳；同时，增加班次频率，缩短乘客等车时间，提高公共交通系统的服务品质。

强化公共交通节点，不仅提升了公共交通的吸引力，成为市民首选出行方式，还能够改善城市整体交通网络功能。有效的公共交通系统为城市可持续发展注入动力，通过减轻交通拥堵和减少尾气排放，进而下降城市的整体碳足迹，改善空气质量，并推动经济增长和社会发展。

3．车道优化

车道数量的优化策略，有时候被称作"道路瘦身"，指在指定路段通过减少机动车道数量及压缩机动车道宽度，释放空间给其他交通方式或城市设施使用。这可以是新增的自行车道，让骑行者享有更安全的骑行空间，或者扩宽的人行道，为步行者提供更舒适的步行体验，抑或是新增的公交专用道，提高了公共交通的运行效率和服务标准。虽然初期可能会引起一些争议，但长远看，这有助于缔造更佳的城市交通环境，降低污染排放，提升市民生活品质。

通过上述手段，"道路瘦身扩容"策略旨在兼顾并提升城市道路的通行效率、安全性以及环境可持续发展。此策略强调在有限的城市空间资源中寻找交通多样性与和谐发展的平衡点，同步保障城市活力及长期发展需求。本章节阐释"道路瘦身扩容"在现代城市规划中的重要地位以及在提高道路利用效率、促进可持续发展方面的潜力，以期明确展示道路瘦身扩容策略的思路与价值。

5.3.2 城市道路交叉口优化工程技术

城市道路交叉口优化技术是一系列用于改善交叉口通行能力、提高交通安全性、减少拥堵和提升整体交通效率的策略和措施。

在城市交通系统中，交叉口作为连接不同道路的关键节点，承载着车流、人流的交汇与疏散，其复杂性和挑战性不言而喻。这些节点不仅是交通流的重要枢纽，更是影响城市整体交通状况的关键因素。交叉口作为城市交通的瓶颈之一，其效率的提升对于缓解交通拥堵、提升道路安全性具有举足轻重的意义。为了提升交叉口的效率，不仅需要对交叉口进行合理的设计，减少冲突点，提高通行效率，也需要通过科学高效的管理，保持交叉口的最佳运行状态。因此，交叉口的设计与管理对于确保交通流的顺畅与安全至关重要。以下是实现这一目标的几种主要技术方法：

1. 交叉口改造

交叉口改造是提升交叉口效率的基础性工作，它包括重新进行交叉口的拓宽设计、调整车道划分，以及优化行人过街设施。通过合理的设计，可以减少车辆和行人的冲突点，缩短行车和过街时间，从而提高交叉口的整体通行效率，如图5-6所示。例如，增加专用右转车道或设置专门的行人过街时间段，都是改造中常见的有效措施。

常见的交叉口改造措施包括：

（1）增加专用右转车道。为右转车辆设置专用车道，减少与直行车辆的冲突，提高通行效率。

（2）设置专门的行人过街时间段。在高峰时段设置专门的行人过街时间段，保障行人安全过街。

（3）优化车道划分。调整车道宽度和数量，以提高通行能力和安全性。

（4）增设行人安全岛。在宽阔的道路上设置行人安全岛，分阶段帮助行人过街，提高安全性。

（5）安装智能交通信号灯。采用

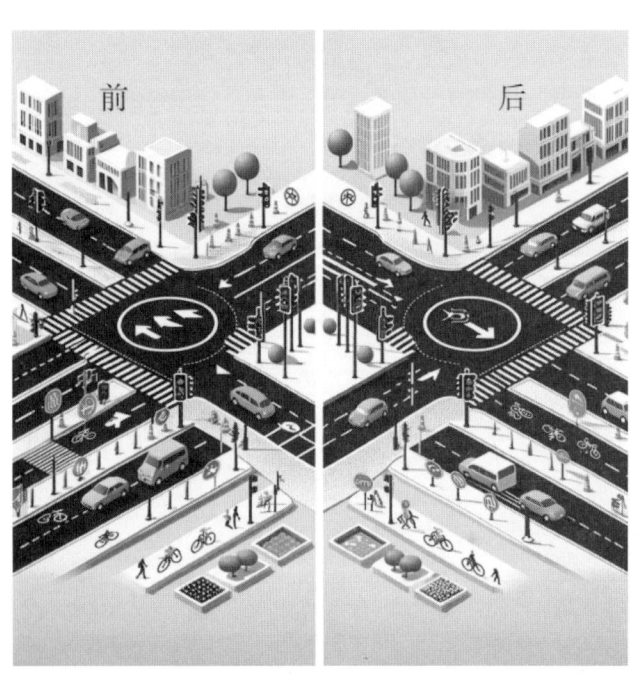

图5-6　交叉口效率提升示意图

智能交通信号灯系统，根据实时交通流量动态调整信号配时，优化交通流。

2. 交通岛的引入

交通岛，也称为安全岛或行人岛，是城市交通设计中用于提高安全性和效率的重要设施。它们通常位于交叉口或人行横道中，用以物理分隔不同的交通流和提供行人安全过街的区域。交通岛作为一种物理隔离设施，不仅能够引导车辆流向，还能提升行人的过街安全。在交叉口中设置交通岛，可以有效地减少行人过街距离，同时为车辆转弯提供额外的缓冲空间。此外，交通岛还有助于简化交叉口的信号配时，通过减少各方向的冲突点来优化交通流。

交通岛具有多种优势：

（1）车辆流向引导。交通岛通过其设计和位置，引导驾驶员遵循预定的行车路线，减少交通事故的发生。它们可以明确指示转弯车道和直行车道，帮助驾驶员提前做出正确的行车决策。

（2）行人过街安全提升。在宽阔的路口设置交通岛，可以将长距离的过街行为分割成几个较短的段落，使得行人在穿越马路时有更多的时间来观察交通情况，降低了与车辆发生冲突的风险。

（3）车辆转弯缓冲。交通岛为车辆提供了一个转弯时的缓冲区域，尤其是在繁忙的交通路口，这可以减少转弯车辆与直行车辆或行人之间的潜在冲突。

（4）信号配时简化。交通岛有助于简化交叉口的信号灯配时系统。通过减少交叉点的冲突点，可以更高效地管理交通信号，减少等待时间，提高整体交通流的顺畅度。

（5）交通流量优化。交通岛可以作为交通流量控制的一种手段，通过合理设计，可以优化车辆的通过率，减少拥堵，特别是在高峰时段。

（6）美化城市环境。交通岛常常配备有绿化植被，不仅提升了城市的美观度，还能吸收车辆排放的有害物质，减少噪声污染，提升城市环境质量。

（7）无障碍设计。现代的交通岛设计考虑到了无障碍通行的需求，确保了老年人、儿童以及行动不便的人士可以安全、方便地使用。

（8）紧急情况应对。在紧急情况下，如交通事故或火灾，交通岛还可以作为临时的安全区，为救援车辆和人员提供通道。

3. 智能信号控制

随着信息技术的快速发展，智能信号控制系统已成为提升交叉口效率的关键技术。系统能够实时收集交叉口的交通流数据，通过算法优化信号灯的配时和相位。与传统的定时控制相比，智能信号控制能够更灵活地适应交通流量的变化，减少停车等待时间，提高交叉口的通行能力。进一步地，结合车联网（V2X）技术，智能信号系统还能实现与过往车辆的实时通信，引导车辆以最优速度通过交叉口，进一步提升效率和减少排放。

同时倡导"绿波"模式推广，"绿波"交通为了达到通过调整干线各交叉口的信号配时实现车辆在干线中"一路绿灯"的目标，一般来说包含的设计要素有：周期时长（可以由关键交叉口确定）、绿信比（可以由各交叉口实际交通状况确定）、相位差（可以由路段平均速度与路段长度确定）。

通过上述措施的综合应用，可以显著提升交叉口的通行效率和安全水平，为城市交通系统带来可观的流畅性和环境改善效果。在未来，随着技术的不断进步和创新应用的不断探索，交叉口效率提升将继续成为城市交通管理和规划的重要领域。

5.3.3　城市道路地下空间开发技术

随着城市化步伐的加快和人口的持续增长，土地资源的短缺已经成为城市发展不容忽视的问题。这促使城市规划者和决策者探索新的空间开发方式，其中道路地下空间的利用尤其受到重视。通过建设地下交通设施，如地铁、隧道、地下道路和停车场，不仅可以有效减少地面交通流量和缓解拥堵，而且能够释放地面空间，提升居民的生活品质和城市环境。

1．地下停车场

地下停车设施对于解决城市中心区域的停车难题至关重要，它能够有效转移地面交通压力。此类设施将停车空间转至地下，使得地面空间得以用于创建行人友好型步道、环境绿化或其他公共设施，同时降低噪声和尾气污染，从而改善居民的生活环境。此外，地下停车场还可以与地面或地下的公共交通系统相连接，提供"停车换乘（P&R）"的便捷服务，鼓励公众使用公共交通，进一步降低私家车对城市道路的依赖。

地下停车场具有以下多项优势：

（1）提高停车效率。地下停车场能够提供大量紧密排列的停车位，相比地面停车场，同等面积下可以容纳更多的车辆，极大提高了土地使用效率。

（2）优化城市空间布局。将停车空间转移到地下，可以释放宝贵的地面空间，这些空间可以用于建设城市的开放空间，提升城市景观。

（3）减少环境污染。地下停车场可以减少车辆在寻找停车位时的无目的绕行，从而降低噪声污染和尾气排放，改善声环境和城市的空气质量。

（4）提升城市美观度。地下停车场的建设避免了地面停车设施对城市景观的破坏，有助于维护城市的整体美观和和谐。

（5）促进公共交通发展。地下停车场与公共交通系统的结合，鼓励市民放弃私家车，转而使用公共交通工具，减少城市交通拥堵。

（6）增强城市防灾能力。在紧急情况下，地下停车场可以作为临时的避难所或救援物资存放地，增加城市的应急处理能力。

2．地下交通基础设施

地铁、地下通道和隧道等地下交通基础设施在快速、高效的城市交通体系中扮演着至关重要的角色。它们能够穿越城市重点区域，提供远离地面拥堵的直接通行路径，并有助于优化城市空间结构，提高土地使用效率。地下交通基础设施，包括地铁、隧道、地下道路等，同时，地下交通基础设施的建设还能够促进城市空间结构的优化，提高城市的空间利用效率和功能多样性。

交通基础设施具有以下多项优势：

（1）缓解地面交通压力。地下交通系统如地铁和地下道路，能够避开地面的交通拥堵，为市民提供一种更为顺畅的出行方式。它们可以大幅减少车辆在城市中心的聚集，有效缓解高峰时段的交通压力。

（2）提升出行效率。地下交通线路通常采用较高的运行速度和较大的运输容量，能够快速地将大量乘客从一个地点运送到另一个地点，显著提高城市交通的出行效率。

（3）增强城市连通性。地下隧道和地铁线路可以穿越城市的不同区域，增强城市各部分之间的连通性。

（4）优化城市空间结构。地下交通基础设施的建设可以释放地面空间，用于其他城市功能的发展，有助于实现城市空间的合理布局和优化。

（5）提高空间利用效率。地下空间的有效利用可以极大提高城市的空间利用效率，地下交通设施的开发对于节约土地、提高城市容量具有重要意义。

（6）促进城市经济发展。地下交通基础设施的建设可以带动沿线地区的经济发展，提升周边土地价值，吸引投资和商业活动，促进就业和经济增长。

未来，通过创新的设计理念和先进的技术手段，地下交通基础设施有望为建设更加高效、可持续的城市交通系统做出更大的贡献。

3．综合管廊

综合管廊作为集中安置城市各种公共管线（如电力、通信、水管）的地下构造，显著降低了地面施工对城市正常运行的干扰，提高了城市基础设施的安全性和维护效率。综合管廊的建设还便于管线的维护和更新，为城市的可持续发展提供了有力支撑。

道路地下空间的开发利用，是对城市空间资源的一种深度挖掘和高效利用。通过科学规划和设计，地下空间不仅能满足城市交通和功能需求，还能提升城市环境品质，促进城市可持续发展。

5.3.4　城市道路附属设施优化技术

道路附属设施，作为城市交通系统不可或缺的组成部分，承担着引导交通流、保障行人和车辆安全、提升道路使用效率等多重功能。合理的规划和设计，不仅能够显著提高道路的安全性和舒适性，还能提升城市的整体形象。道路附属设施包括以下几种类型。

1．交通信号灯

交通信号灯是调节交通流、确保交通安全的基础设施。通过对车辆和行人流的有效管理，交通信号灯能够减少交叉口的冲突，提高交通效率。随着技术的发展，智能交通信号控制系统通过实时数据分析，能够动态调整信号时长，进一步优化交通流动和减少等待时间。智能交通信号控制系统带来以下优势：

（1）提高交通效率。根据实时交通流量进行信号配时，减少交叉口排队和拥堵，提高交通效率。

（2）缩短等待时间。通过优化信号配时，缩短车辆和行人的等待时间，提高出行体验。

（3）减少交通冲突。智能交通信号控制系统可以预测交通流的变化，并提前调整信号，降低交叉口冲突和事故风险。

（4）节能减排。智能交通信号控制系统通过优化交通流，减少车辆怠速时间，从而节省燃油和减少尾气排放。

（5）提高道路容量。通过有效的信号控制，提高道路的通行能力，缓解交通拥堵。

总之，智能交通信号控制系统通过实时数据分析和动态信号调整，优化交通流和减少等待时间，提升交通效率、安全性和道路容量，节能减排，为城市交通管理提供有力支撑，如图5-7所示。

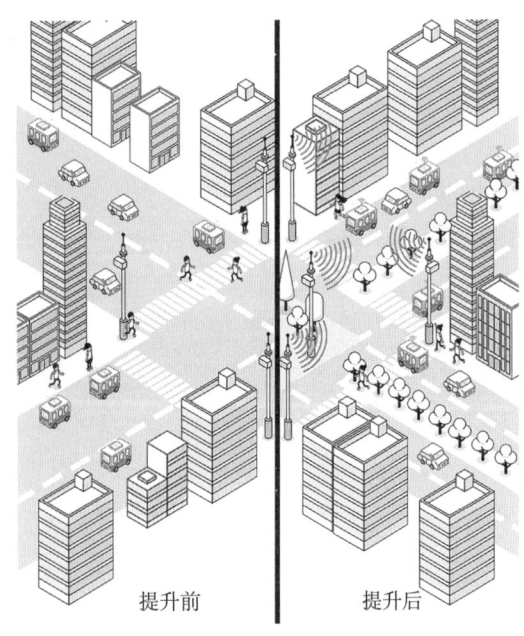

提升前　　　　提升后

图5-7　道路信号智慧互联示意图

2．行人过街设施

行人过街设施，如人行横道、人行天桥、地下通道等，旨在为行人提供安全、便捷的过街路径。这些设施的设置须充分考虑行人流量、交通状况和周边环境，以确保行人过街的安全与舒适。适宜的照明、无障碍设计和清晰的指示标识也是不可或缺的。行人过街设施的设置应遵循以下原则：

（1）安全性。设施应确保行人安全过街，减少与机动车辆的冲突。

（2）便捷性。设施应为行人提供便捷的过街路径，缩短过街时间和距离。

（3）适宜性。设施的类型和规模应与行人流量、交通状况和周边环境相适应。

总之，行人过街设施是保障行人过街安全和便捷的重要基础设施。通过遵循上述原则和设计要点，城市可以打造安全、便捷、适宜的行人过街环境，提升城市宜居性和交通安全性。

3．道路标识标线

道路标识标线提供了交通规则的视觉指引，包括车道划分、行驶方向、速度限制等重要信息。这些标识标线通过促进车辆和行人的规范行为，有效预防交通事故，提高道路的通行能力。在设计时，需考虑其清晰可见、耐久性强和易于理解等因素。道路标识标线的设计和设置应遵循以下原则：

（1）清晰可见。标识标线应具有足够的尺寸、颜色和反光性，确保车辆驾驶人、行人和骑行者在各种天气和光线条件下都能清晰辨认。

（2）耐久性强。标识标线应采用耐久的材料制成，能够承受行车荷载、天气变化和人为破坏。

（3）易于理解。标识标线应采用标准化的符号、文字和颜色，符合交通法规和惯例，易于驾驶人、行人理解和遵守。

总之，道路标识标线是道路交通管理的重要组成部分，通过提供清晰的视觉指引，规范车辆和行人的行为，预防交通事故，提高道路通行能力。

4．路缘带

路缘带不仅用于明确车道边界，还能起到保护行人、分隔不同交通模式和美化城市环境的作用。在一些城市，路缘带还被设计为雨水花园，有助于城市雨水管理和增加绿色空间。其材料和设计应考虑到耐用性、安全性以及与周围环境的和谐。

道路附属设施的规划与设计，需要基于对城市交通特性的深入理解和科学分析，同时考虑到未来发展的可持续性。通过综合考虑安全性、功能性和美观性，道路附属设施能够显著提升城市道路的服务水平和居民的生活质量。

5.3.5 城市交通韧性恢复技术

交通韧性恢复技术是指在交通系统受到自然灾害、事故、故障或其他非常态事件影响后，能够迅速恢复正常运行状态的一系列技术和方法。这些技术通常涉及基础设施的快速修复、交通流的实时调度、应急响应机制的建立以及长期预防措施的规划。

在现代城市规划和道路交通系统设计中，韧性恢复技术的引入不仅提高了交通系统对各类突发事件的应对能力，也确保了城市功能在危机发生后能够迅速恢复。这些技术通过多方面的创新，增强了基础设施的适应性、恢复力和持续性。

以下是几种关键的韧性恢复技术，它们各自承担着提升系统整体韧性的重要角色，如图5-8所示。

1．模块化快速修复系统

模块化设计作为一种高效且创新的设计理念，在道路交通基础设施的维护和修复中展现出了显著的优越性。该设计方式通过引入预制的道路板块和桥梁元件，为道路和桥梁在受损后提供了迅速替换受损部分的可能性，极大

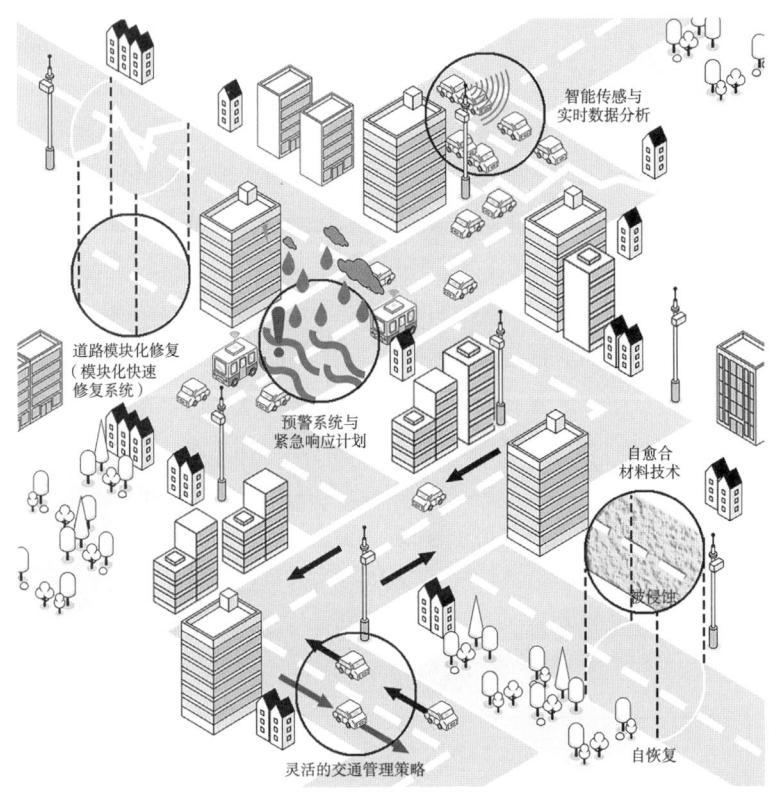

图5-8 交通韧性恢复技术示意图

地提高了修复工作的效率。

这种快速部署的能力在应对自然灾害等突发事件时显得尤为重要。自然灾害往往导致道路和桥梁等基础设施严重受损，给交通运输和社会经济带来巨大影响。然而，通过模块化设计，受损的道路和桥梁能够在短时间内得到修复，恢复交通的正常流动，有效减少因道路中断造成的社会经济损失。

综上所述，模块化设计以其高效、创新的特点，为道路和桥梁的修复工作提供了强有力的支持。它不仅缩短了修复周期，提高了交通恢复的速度，还在应对自然灾害等突发事件时展现出了独特的优势。随着技术的不断进步和应用范围的扩大，模块化设计将在道路交通基础设施领域发挥更加重要的作用，为城市的可持续发展做出积极贡献。

2．智能传感与实时数据分析

集成先进传感器和物联网技术的智能交通系统，作为现代交通管理的重要工具，具备实时监控道路状况和交通流量的能力，为道路管理者提供了丰富而精准的实时数据。这些系统通过布置在道路各个关键节点的传感器，不断收集道路使用状况、车辆流动速度、交通拥堵程度等多维度信息，并通过物联网技术实现信息的实时传输与处理。

智能交通系统还具备智能分析的能力，能够基于实时数据预测交通流的变化趋势。通过大数据分析和模型预测，系统能够提前判断可能出现交通拥堵或事故高发的路段，为交通管理策略的制定提供科学依据。在紧急情况下，这种预测能力尤为重要，它可以帮助交通管理部门提前调整交通信号配时、优化交通流线，确保交通系统的最大效能，减少因灾害导致的交通混乱和延误。

3．自愈合材料技术

自愈合材料技术，作为一种前沿的科技手段，尤其在混凝土和沥青材料中的应用，预示着未来基础设施维护领域的新变革。这种技术的核心在于使材料具备在出现细小裂缝时自动修复的能力，从而有效延长道路的使用寿命，并大幅减少常规维护的需求。

自愈合材料技术的广泛应用将显著提高道路基础设施的耐久性和可靠性，降低维护成本，减少交通中断的风险。这对于提升道路使用效率、保障交通安全、促进经济社会持续发展具有重要意义。因此，我们应该加大对自愈合材料技术研究和应用的投入力度，推动其在基础设施维护领域的广泛应用。

4．预警系统与紧急响应计划

预警系统与紧急响应计划，作为交通系统韧性建设的关键要素，发挥着至关重要的作用。其中，气象灾害预警系统通过实时监测气象数据，预测并预警可能发生的极端天气事件，为交通管理部门提供决策支持，确保在恶劣天气条件下能够迅速作出反应，减少交通中断和事故发生的可能性。

交通流异常检测系统则利用先进的监控技术和数据分析方法，实时监测交通流量、速度、密度等关键指标，一旦发现异常情况，立即触发警报机制，通知相关部门进行干预。这有助于及时发现并处理交通拥堵、事故等突发事件，保障交通系统的顺畅运行。

灾后快速反应机制则是在灾害发生后迅速启动的一套应急预案。通过预先制定的流程和措施，快速组织救援力量，调配资源，进行灾后恢复和重建工作。这有助于最大限度地减少灾害对交通系统的影响，保障公众的生命财产安全。

预警系统与紧急响应计划通过及时预警、快速响应和动态调整交通管理策略，为交通系统提供了强大的韧性保障。它们能够在第一时间内发出警报，启动应急预案，有效应对各种突发事件，确保交通系统的稳定运行和公众的安全出行。

5. 灵活的交通管理策略

灵活的交通管理策略在提升道路系统韧性中扮演着关键角色。这些策略包括但不限于临时交通重定向、紧急车道开放以及临时交通信号调整。智能交通系统（ITS）的支持是实现这些策略的技术基础，能够根据实时数据动态调整交通信号，优化交通流并减少因灾害引起的交通拥堵。

综合运用以上技术，可以显著提升道路交通系统在面对自然灾害和其他紧急情况时的韧性和恢复力。这些技术的进一步发展和应用将是未来城市交通管理和基础设施建设的关键趋势，不仅能够保障交通的持续运行，还能提高城市整体的安全和可持续性。

5.4 低碳城市交通规划管理技术

5.4.1 智能交通设施

1. 智能交通系统（ITS）

智能车辆道路系统（Intelligent Vehicle Highway System，IVHS）作为智能交通系统（Intelligent Traffic System，ITS）的前身，将网络基础设施、视频检测、传感器、智能计算机和先进的自动化技术整合起来，不间断地监测交通状况及气象条件，及时进行分析，获取相关数据。对交通信息进行收集与分析，能够减轻交通拥堵状况，提高公交的利用率，还能提高整个公路的安全性，是一种集车、人、道路于一体的综合交通管理系统，并且具有实时性、高效性和环境友好性，如图5-9所示。

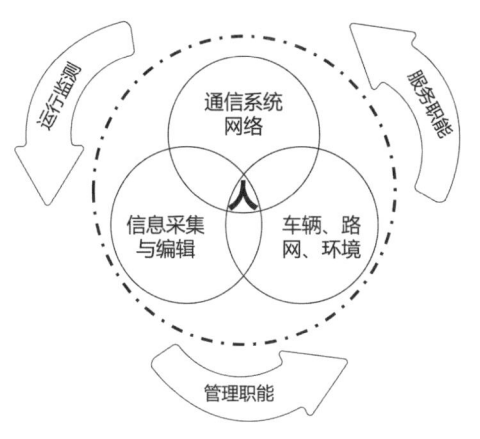

图5-9　智能交通系统构成框架

智能交通系统能够增强人与道路和车辆间的关联性，能够减轻城市道路的交通压力、减少尾气污染、降低交通安全风险、在提高交通运行效率的同时实现能耗的降低。以全方位提升交通运输效率与安全性、促进交通运输可持续发展为主要目的，整合多模式交通管理策略，并将先进的感知技术、计算机技术、电子控制技术、信息和通信技术等现代高科技手段相结合，形成了一套以智能为特征的实时、精确、高效的交通管理体系。

2．智能交通信号系统

道路交通信号控制器、道路交通流检测设备、道路交通信号灯、通信设备、控制计算机，及相应软件构成了智能交通信号控制系统。在此基础上，完成路口的信号实时控制，区域协同控制，中心和局部最优控制，实时查询与监控交叉口的状况，判断红绿灯故障位置，对运行日志进行记录与管理，对配时方案进行实时上传与下载，实现对多用户进行远程登录控制与权限管理。

通过5G、物联网等技术，大数据、AI雷达、边缘计算，AI摄像机等传感设备，智能交通信号控制系统根据现场实时状况，对道路情况、车流量、人流量等进行智能识别，对红绿灯时刻进行远程控制，动态调整红绿灯间隔，以达到交通动态控制的目的。智能交通控制系统是一种利用现代通信技术和智能算法对交通流进行控制和优化的系统。它通过实时检测和分析道路上的交通状况，自动调整信号灯的时序，以提高交通效率和减少交通拥堵。

智能交通信号控制系统可利用雷达和摄像机精确地探测到多条车道的拥堵状况以及车辆的数量及速度，同时将实时统计数据以及视频图像通过信号网端口传送给交通信号机，以此来控制红绿灯控制器，使其对交通信号灯的实际状态和时长进行调整。与此同时，该信号灯还会把收集到的路口的实时信息上传给交通管理部门。调度管理中心根据现场的交通状况，向信号灯发出相应的指示，并对信号灯进行控制，从而达到远程控制的目的。为了使城市道路网络的交通运行更加高效、更加安全，建设完善的城市智能交通系统，智能交通信号控制系统需要融合电子警察系统、视频监控设备等信息，并以路口人流、车流等数据作为依托，联动多个交叉路口的交通信号灯，如图5-10所示。

3．车联网技术设施

车联网技术以基于蜂窝网的车载通信技术（C-V2X技术）作为工具，通过智能网联车载终端动态传感器、路侧设备静态传感器，对于数据采集、分析、交互进行准确、实时、完整的应用，在此基础上，实现车辆、行人、

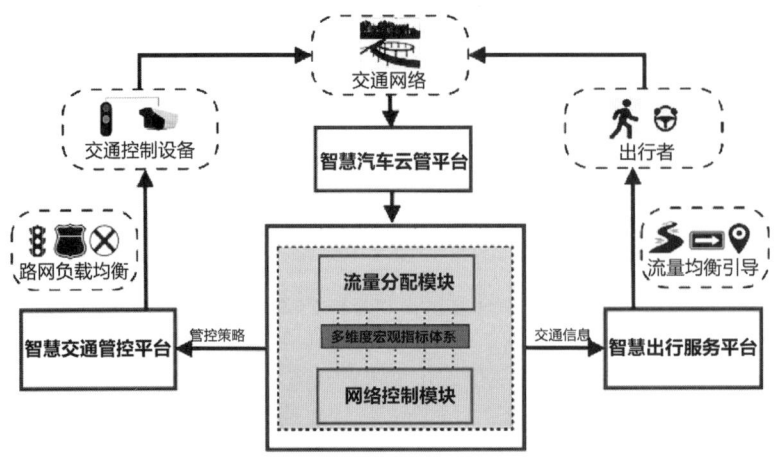

图5-10 智能交通信号系统平台

环境等信息的智能化交流与共享，提升道路通行效率，增强日常生活的便利性。使城市交通具有外部环境感知能力、人工智能决策能力、协同管理控制能力和高效稳定执行能力。

车联网关键技术是指应用于智能交通系统的一系列技术，包括车辆定位、通信、感知、决策等，旨在实现车辆与车辆、车辆与基础设施、车辆与人之间的互联互通。车联网作为高端通信技术的一个重要分支，通过网络将车与车、道路环境、人员、信息服务等多个方面进行相互关联，形成车与万物之间的互通互联。且车联网是一种综合车载电子感知技术、图像识别技术、智能通信技术、车载导航系统技术、智能显示终端设备以及云计算服务平台系列为一体的技术精华。

4．智慧停车系统

智慧停车系统是指面向一段时间内需要在固定车位进行的车辆停放，将无线通信卫星定位和室内定位、地理信息系统、视觉感知、大数据、云计算、物联网、互联网智能终端等技术对停车位信息进行采集、管理、查询、预订和导航等方面集成的同时，还可以对停车位资源进行实时更新、查询、预订及导航服务，从而达到最大化停车场资源的利用率、最大化停车服务的收益以及最大化车主的停车体验，如图5-11所示。

智慧停车是以停车位资源为基础，利用各种移动终端设备，无线通信、视频、GPS、大数据等多种技术，来采集、规划和管理城市停车场，使车位的实时查询、预订、导航等一体化服务得到实现。智慧停车是城市静态交通的重要构成。与传统停车场相比，智慧停车通过智慧化手段统一管控和调度，有助于实现停车位资源配置最优化，提升城市交通资源利用效率，推进城市数字化治理进程。

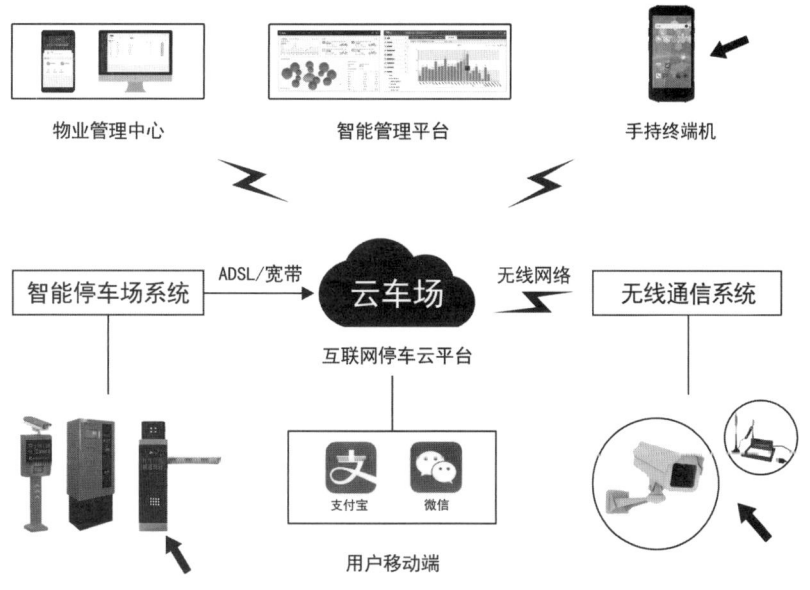

图5-11 城市级智慧停车管理云平台

智慧停车的核心包含两个方面：

（1）通过对停车资源进行优化与集成，解决了停车信息系统的孤岛问题，使零散的停车数据能够实时地相互连接起来，使得该系统能够实时获知闲置车位，并对其进行引导，从而避免增加车位数量，进而降低车位空置率。

（2）实现车位导航，通过定位、感知计算和无线通信等技术形成车辆到车位的路径轨迹，引导车辆到达目的车位，或者进行反向寻车的路径引导，减少车找位、人找车的时间，实现停车效率和体验的显著提升。

5.4.2　智慧交通出行

1．车路协同系统

车路协同系统，也就是我们常说的C-V2X（Cellular-Vehicle to Everything），蜂窝车联网，其实是采用较为先进的车载无线通信技术，充分考虑车与车，车与道路，车与人员等多源数据，在全时空动态信息的获取与融合的条件下，对汽车进行主动安全控制与路面协调管理，实现交通动态信息交互，充分发挥人员、车辆、道路之间的有效协作，保障行车安全，提升通行效率，构建安全、高效、环境友好的道路交通体系。其中，包括四个应用场景：V2V（车端与车端）、V2I（车端与路侧设备）、V2P（车端与行人）、V2N（车端与云端），如图5-12所示。

车路协作的技术体系，以端网云用三方协作的方式，将云计算、大数据、人工智能、信息数据安全等多项核心技术相结合，通过高精度地图、导

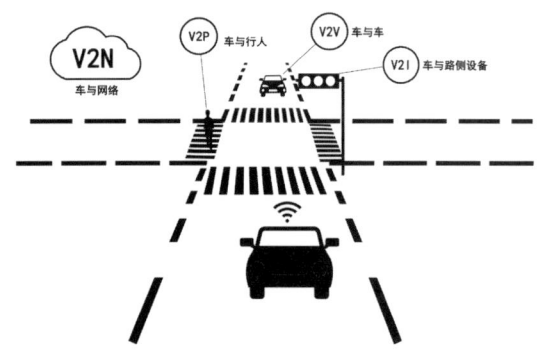

图5-12 搭载C-V2X技术的车路协同系统示意

航定位、感应终端等行业的支撑，对各种交通系统的应用场景进行赋能，从而对交通事故、交通拥堵、交通污染等问题进行有效的解决，为用户提供安全、高效、绿色的出行服务。其中：

（1）端。具有网络连接能力的车辆终端、道路终端、移动终端，以及具有感知与数据收集能力的雷达。

（2）网。支持人、车、路高速率、低延迟并以5G、C-V2X等技术支撑的通信网络。

（3）云。涉及智能交通大数据平台、智慧城市数字监控平台、车企联网联控平台等，包括边缘云、区域云等，并且能够进行大量数据融合、处理分析和决策管理的平台。

（4）应用。在车辆、道路和用户三个层面上，实现对车辆、道路和用户的全方位的协同管控，为智慧交通体系中的各参与方提供智能化和绿色化信息服务。在安全性方面，是为车路大数据、交通参与者、通信终端等数据提供保障的平台。

2．共享出行系统

共享出行作为一种新型的交通模式，它允许用户在一定时间内，短期共用某种交通出行工具，从而使得社会提供的出行资源得到最大化利用。汽车共享出行是由多个人共同使用一部车，但驾驶员只拥有该辆车的使用权。随着中国互联网技术的不断发展，中国汽车共享出行逐渐步入居民生活。其中，除了私家车自驾此类非共享方式外，拼车、快车、专车、分时租赁、长短租车均为共享出行。汽车共享出行可有效解决交通供需矛盾，具备带动经济发展的作用。

共享出行类型多样，包括汽车共享、自行车共享、拼车、公共交通服务、按需乘车服务、共享滑板车等，甚至还包括商业递送车辆，提供灵活的货物移动等服务。共享出行不仅直接影响着个人出行方式，而且受到城市规划的多个方面的影响，包括运输、土地使用、城市设计、经济发展、环境保护和气候行动等，如图5-13所示。

共享出行直接影响城市规划的多个方面并受到其影响，其中包括以下几个方面：

（1）交通和流通。共享出行能够影响出行模式，如交通方式选择、车辆占有率和车辆行驶里程等。

（2）分区、土地使用和增长管理。共享出行可能会影响与土地使用相关

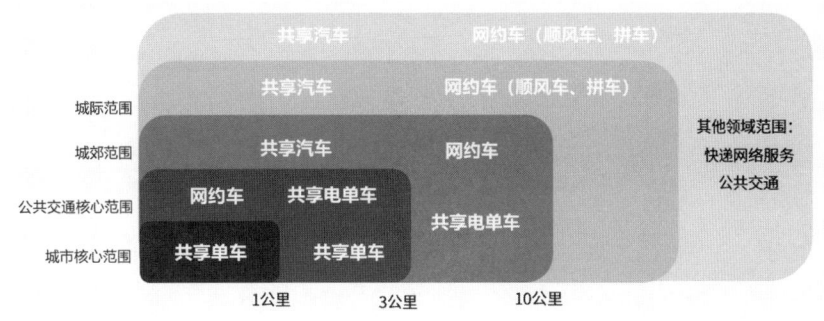

图5-13 共享出行的应用领域及范围示意

的规划因素，包括分区要求（例如最低停车要求）、停车需求以及公共通行权的使用。

（3）城市设计。共享出行通过促进步行和骑自行车来支持可持续性原则，为公共交通提供最后一公里的连接，并有可能减少私人车辆的需求。

（4）住房。共享出行可能会减少停车需求，并降低新开发项目的最低停车要求，从而为经济适用房战略提供支持。

（5）经济发展。共享出行可以创造新的就业机会，并从未得到充分利用的资源中创造收入。

（6）环境政策、保护和气候行动。共享出行有可能减少通常与地面运输相关的负面影响，例如温室气体排放等。

5.4.3 数字交通管理

1．综合交通数据分析平台

推动交通大数据的发展是新时期我国交通运输信息化建设的重要组成内容。它以"统筹协调，应用驱动，安全可控，多方参与"为原则，以"基础支撑，共享开放，创新应用，安全保障，管理变革"为核心环节，通过数据资源赋能交通发展。目前交通大数据处于起步与探索阶段，对于整个交通的管理、建设、运营、养护而言，数据是最重要的基石，必须将数据的采集、质量、管理与使用形成一个全面的、一整套的框架体系结构才能支撑未来的交通建设，如图5-14所示。

促进大数据和综合交通运输的深度结合，高效建立综合交通大数据中心系统，同时运用政务大数据来支持综合交通运输系统的建设，有效提升了交通行业的数字化程度。全面实现交通信息资源的深度共享和开放。大数据正逐步被应用于综合交通运输的各个领域。大数据的安全性得到保证，同时在大数据体系和机制方面，适应新时期信息技术发展规律实现重大突破。初步建成交通大数据中心体系，为推动我国交通强国的建设和数字经济的发展，提供了强有力的支持。

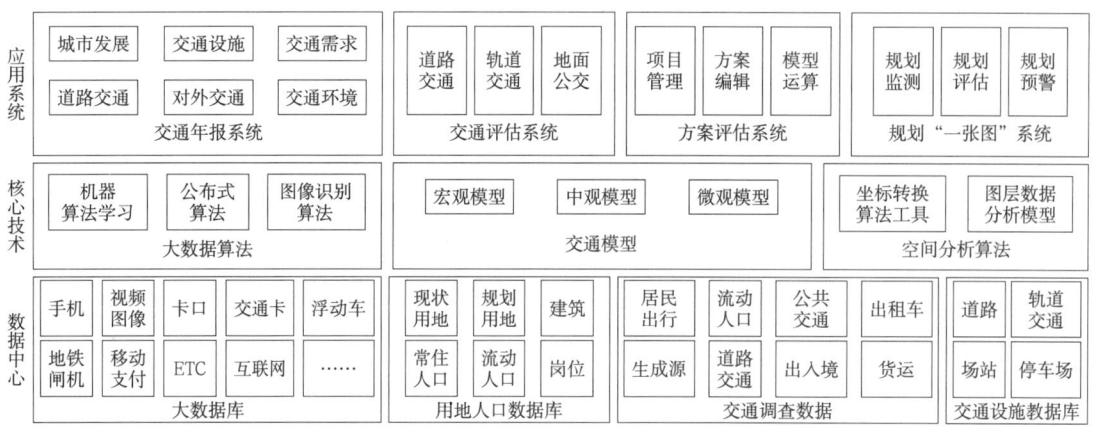

图5-14　综合交通数据分析框架

2. 智能交通监测

智能交通监测系统就是将监测范围内的画面通过监测系统传送到指挥中心，让管理者能够对车辆排队、堵塞、信号灯等交通情况进行直观了解，并在此基础上对信号配时进行调整，或者采取其他方法对交通进行疏导，从而改变交通流量的分配，达到减轻交通拥堵的效果。智能交通监测系统利用识别技术对其进行了分析，如果出现了不正常的情况，则会自动地向管理人员发出警告，监管人员即可对车辆的排队、拥堵等情况进行实时的了解，并对交通信号进行调节或者采取其他方式进行疏导，使交通流的分配发生变化，从而减轻交通拥堵。遇到不正常情况时，交通管理人员还可向有关部门进行通报，并进行如叫救护车对伤者进行抢救、叫修理人员对损坏的路面进行修复、及时拖走损坏车辆等行为，以此维持道路通畅，减少车祸带来的冲击，如图5-15所示。

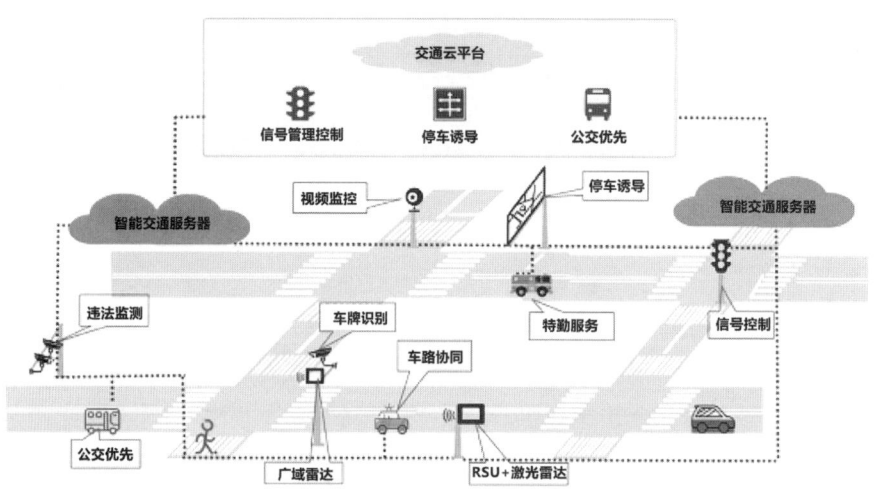

图5-15　智能交通监测系统示意

智能交通监测主要应用领域包括：

（1）车辆识别与分类。基于机器视觉和深度学习技术的车辆识别系统可以自动识别和分类过往车辆，为交通流量的监控和调控提供准确数据。这项技术还可以应用于电子收费系统，通过自动识别车牌号码进行无人值守的快速收费。

（2）交通流量监测与预测。使用传感器、摄像头和机器学习算法可以实时监测交通状态，分析交通流量的变化趋势。通过大数据分析，AI可以预测未来的交通流量和拥堵情况，为交通管制和规划提供科学依据。

（3）智能信号灯控制。通过AI优化的交通信号灯系统可以根据实时交通数据动态调整信号灯的时序，减少拥堵，提高道路的通行能力。此外，AI还能辅助实现紧急车辆的绿波通行，提高应急响应的效率。

5.5.1　道路废旧材料再生循环利用技术

1. 废旧沥青混凝土再生利用

废旧沥青混凝土再生技术将新沥青混合料与旧沥青混合料混合后，可满足再生沥青混合料的性能要求，然后用于铺设路面，达到全线工艺技术的水平（图5-16）。现在，大型高速公路养护设备的应用实现了沥青混凝土的半自动回收。旧路面沥青混凝土的清除、加工和更新由一台设备完成，从而大大降低了沥青混凝土的回收成本。同时，该工艺还能节能减排，具有非常积极的作用。

回收利用沥青路面是减少因储存旧材料而造成的污染，从而促进可持续发展的一种方法。此外，还可以通过节约砂石等自然资源来保护环境。同时回收材料还可以减少采石场对生态环境的破坏，促进循环经济和实施"人文交通、科技交通，绿色交通"行动计划对于发展可持续交通至关重要。

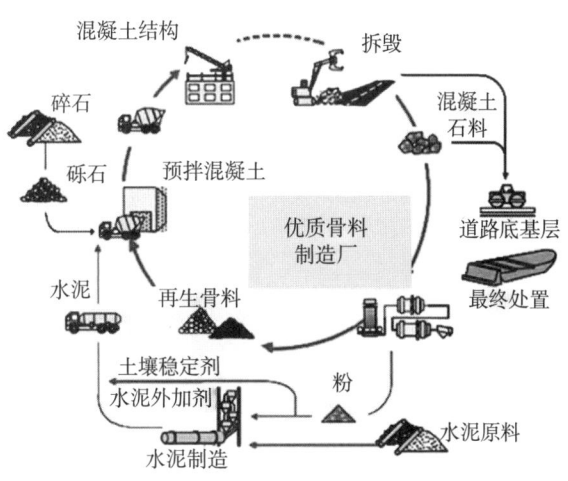

图5-16　废旧沥青混凝土再生利用流程图

2．废旧混凝土再生利用

废旧混凝土是指在建造建筑物、道路或其他结构时，或在拆除已达到使用寿命的建筑物或道路时丢弃的混凝土。这些混凝土通常含有大块破碎的混凝土、沙子、水泥和其他"寿命"较长的材料。由于它们在自然环境中分解较为困难，因此可以存在几年甚至几十年。它们往往会占用空间，并对环境造成一定的负面影响。

城市化进程的不断加快和城市基础设施的建设导致了大量混凝土废料的产生。目前，在道路建设中使用废旧混凝土再生利用技术是一种更经济、更有效的方法，具体流程如图5-17所示。

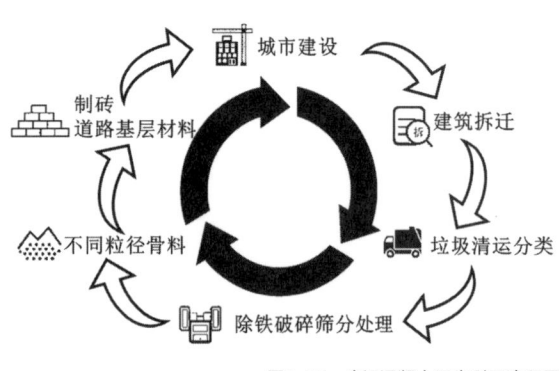

图5-17　废旧混凝土再生利用流程图

利用废弃混凝土作为筑路材料具有决定性的优势，特别是在以下三个方面：

（1）节约原材料，减少污染。使用旧混凝土的另一个挑战是，它无法在原建筑结构中重新使用。同时，它还占用空间，容易产生空气灰尘。灰尘和雨水的结合会导致粉尘污染加剧，从而给城市环境和交通带来额外负担。

（2）将旧混凝土加工成路面。这不仅促进了新材料的再利用，还大大减少了污染，从而降低了对环境的影响。在道路建设中使用废弃混凝土作为基础材料，可以大大节约成本，缩短施工时间，减少施工噪声和空气污染。

（3）提高路基的成本效益和稳定性。通过采用废旧混凝土回收技术，对其进行破碎、筛分等处理，可形成稳定的筑路材料，其密实性和稳定性可满足传统市政道路筑路材料的要求，车辆行驶的稳定性和车行道的通过性也大大提高。

综合以上几点，可以得出以下结果：废旧混凝土在路基材料中的运用具有明显的优势，废旧混凝土再生利用技术在加强基础建设、提高城市化方面发挥着十分重要的作用。

3．温拌沥青路面工程

沥青路面具有行车舒适度高、维修方便等优点，因此在中国的高速公路和市政道路上得到了广泛应用。随着沥青路面的进一步普及和推广，我国筑路行业能耗高、污染物排放量大的问题日益凸显。造成这种情况的主要原因是，沥青混合料的生产必须在高达170℃的条件下进行，这就造成了巨大的能源消耗和环境污染。

与传统的热拌相比，见表5-1，目前常用的沥青施工温拌技术可以达到110～130℃的温度来完成混合料的搅拌。因此，与热拌沥青摊铺技术相比，可节能20%以上。虽然这种混合料在施工性能方面略有不足，但仍能满足道

	冷拌沥青混合料	热拌沥青混合料	温拌沥青混合料
拌和温度	10～40℃	150～180℃	110～130℃
性能	性能不稳定	性能好	性能好
能耗	低	高	中
有害气体	基本没有	排放量大	排放量小
经济成本	低	一般	较高
应用范围	用于路面养护	应用范围广	处于试探阶段

路施工的要求，并得到客户的认可。温拌沥青是通过在混合料中添加添加剂来生产的。这样，混合料就可以在较低的温度下拌和，以满足拌和要求，并且对后续的摊铺和碾压没有影响。该技术的特点是，材料在110～130℃的温度下出料，从而将搅拌温度降低约40℃，大大降低了能耗。此外，较低的搅拌温度还能减少沥青混合料在搅拌和加热过程中的老化，从而有效延长混合料的使用寿命。

4. 水泥稳定就地冷再生技术

就地冷再生技术是一种先进的道路修复和重建方法，它采用专业的就地冷再生设备，在施工现场直接对原路面进行铣刨和破碎处理。随后，向这些破碎材料中添加水泥和其他必要材料，并依据当地的实际条件和需求，在常温条件下添加适量的稳定剂进行拌和。最终，将这些混合物压实成型，形成路面结构的一部分。水泥作为稳定剂，使得水泥稳定就地冷再生成为一种新型的混合料稳定技术。

这种技术广泛应用于沥青面层、二灰碎石基层以及水泥稳定碎石基层等结构层的维修和翻新中。通过水泥与旧路面材料的混合，再经过拌和、碾压等步骤，最终形成一种类似于水泥稳定碎石的半刚性基层。然而，由于半刚性基层的特性，这种结构在一定程度上可能存在收缩裂缝等常见病害。因此，在施工和养护过程中，必须给予足够的重视。其强度主要来源于水泥的水化作用，以及水化产物与旧料中细微颗粒之间的相互作用和聚合形成的晶体结构。通过精心设计和严格施工，可以确保就地冷再生技术产生的路面结构具有良好的耐久性和承载能力，如图5-18所示。

三渣旧料水泥稳定就地冷再生技术是一种创新的施工工艺，它通过将老旧路面产生的三渣旧料与适量

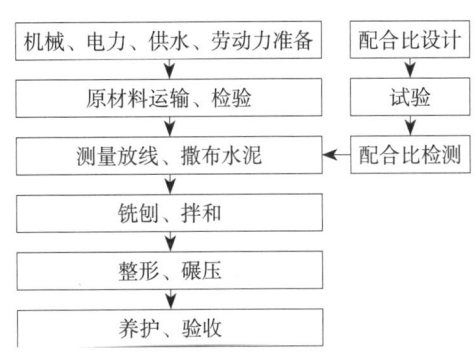

图5-18　三渣旧料水泥稳定就地冷再生基层施工流程

的水泥混合，直接在施工现场进行加工，从而重新构建公路结构层。

　　相较于传统方法，该技术避免了将旧料挖除并外运废弃的繁琐过程，减少了环境污染和土地资源的浪费，同时也降低了运输成本。这种施工方法不仅交通影响小，且主要材料来源于原有老路的三渣，经过破碎后成为旧料再次利用，显著减少了翻挖和外运量，进一步节省了施工成本。同时，其节能减排效果显著，无需担心废料处理问题，且能有效防止粉尘飞扬，完全符合环保施工的要求。

　　在进行三渣旧料水泥稳定就地冷再生基层施工时，需严格按照施工流程操作，流程如图5-18所示，从路面铣刨、拌和、整形、碾压到养护、验收等各个环节都需严格把控，以确保施工质量和环保效益。三渣旧料水泥稳定就地冷再生基层施工技术可以减少投资，达到环保节能效果，改善路面结构，具有良好的社会效益。

　　就地冷再生施工工艺在保护环境、节约资源、降低公路建筑垃圾方面展现出显著优势，成为公路建设的新趋向。尤其在城镇道路施工中，面对严格的环境保护要求和地材稀缺的挑战，就地冷再生技术以其低资源消耗、低交通影响、少建筑垃圾和快速施工等优点，展现出广阔的发展潜力。

5.5.2　绿色道路养护材料及技术

1．太阳能路面板

　　太阳能路面板是指采用太阳能光伏发电层替代传统的沥青或水泥混凝土面层，或者将这一发电层直接铺设于现有的路面表面。与传统的沥青和水泥混凝土路面相比，太阳能路面板在设计和功能上有着本质的不同。其表面光伏发电层能够捕捉并转化太阳能为电能，为城市的照明、交通信号甚至电网供电，从而实现绿色能源的高效利用。这种新型路面不仅满足了高速安全行车的交通功能需求，还具备了高效利用太阳能发电的绿色交通和智慧交通特性。

　　太阳能路面有巨大的产热潜力，传统的沥青路面对太阳辐射吸收能力强，容易积聚大量热量，在夏季温度可达70℃，如此高温会加剧城市热岛效应，加剧路面车辙，加速沥青路面材料的热老化。因此，为了避免上述现象，多余的热量可以通过太阳能光热路面进行提取和利用。在太阳能光伏路面（Pavement-integrated Photovoltaic，PIPV）系统中，集成了太阳能电池片的光伏地砖替代了传统地砖或沥青路面。太阳光照射到光伏路面上后，绝大部分太阳辐射可穿透表层透明防滑钢化玻璃，入射到太阳能电池表面，再由太阳能电池将其转化为电能。光伏路面所产生的电能可选择接入电网，也可选择直接给附近用电器供电，如图5-19所示。

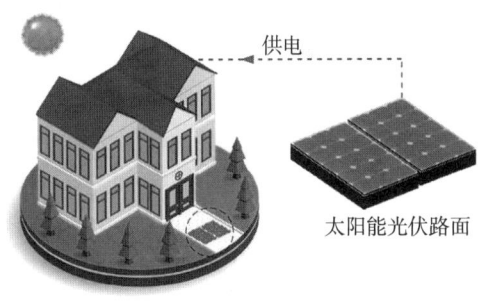

供电

太阳能光伏路面

图5-19　太阳能光伏路面系统示意

太阳能路面，作为一种创新技术，其产生的电力不仅可以直接服务于道路交通系统，满足包括交通设施、管控、诱导、预警、监控、充电、照明等多元化需求，还能通过并网发电为城乡居民提供绿色、清洁的电力。太阳能路面的应用不仅有助于实现智慧交通和智慧城市的建设，还为能源的可持续发展提供了有力支撑。通过减少化石能源的消耗和降低碳排放，太阳能路面为控制全球气候变暖做出了贡献，并高效利用了宝贵的路面土地资源。太阳能路面板的建设符合绿色道路建设规划的发展方向，已成为全球许多国家竞相研究和开发的新一代道路基础设施。这一技术的广泛应用，将推动交通运输领域向更加绿色、智能、可持续的方向发展。

2．降噪路面板

现代城市交通繁忙，交通噪声问题日益凸显，长期暴露于严重噪声下对居民身心健康造成损害。为解决这一问题，国内已采取多种方法，包括调整沥青混合料集料级配、添加弹性材料、增大沥青空隙率及设置声屏障等。

废旧轮胎作为有害的高分子固体废弃物，因其耐热且不易降解的特性，若处理不当，将占用大量土地资源，并对环境造成破坏，甚至传播疾病。然而，废旧轮胎通过加工成胶粉后，与沥青混合制成废胎胶粉橡胶沥青（也称为橡胶改性沥青），成为解决这一问题的创新途径。

根据美国材料与试验学会（ASTM）的定义，这种橡胶沥青由基质沥青、轮胎胶粉及适量添加剂组成。在沥青中掺入轮胎胶粉进行改性，不仅增强了沥青的黏弹性，增大了路面空隙率，提高了平整度，还显著降低了路面噪声。这种改性沥青不仅从源头上控制了噪声，改善了沥青混合料的高低温性能及抗滑性能，提升了行车舒适度，延长了路面使用寿命，更在环保层面解决了废旧轮胎的回收难题，对我国经济建设和可持续发展具有深远的积极影响。

降噪原理主要包括阻尼减振、吸声以及改善路面纹理，如图5-20所示，其中：

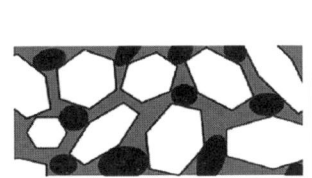
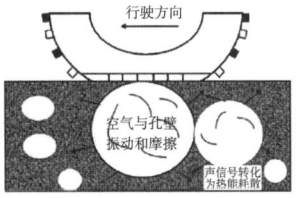
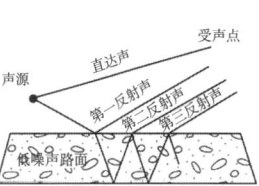

图5-20　减振降噪、噪声损耗、降噪路面的声传播示意

（1）阻尼减振降噪。机制在于橡胶粉的加入，它改变了沥青混合料中集料的接触形式，由原先的"石料—石料"转变为"石料—胶粉—石料"。当车辆驶过，轮胎对路面产生的振动冲击会被橡胶颗粒有效吸收，其阻尼特性能消耗部分振动能量，并通过可恢复形变储存部分能量，待车辆驶离后释放，从而显著降低了轮胎与路面间的振动和噪声。

（2）吸声降噪。通过橡胶改性沥青路面的特性来实现，橡胶粉与沥青胶结料在化学作用下形成复杂的空间网络结构，不仅增强了黏度，还增大了混合料的空隙率。这种多孔结构能够使声波在传播过程中不断被空隙壁反射和摩擦，将声波中的动能转化为热能，进而达到降低噪声的目的。

（3）改善路面纹理。依赖于适量橡胶粉的掺入，它能促使沥青混合料中的小颗粒聚集，形成松散的结构，从而增加路面的粗糙度和纹理。这种结构不仅使路面噪声得到分散，降低了到达人耳处的噪声强度，还能通过增大道路表面的空隙率，减少轮胎与路面的接触面积，进而降低噪声。

3．电热型融雪路面

电热型融雪路面作为一种主动型路面冰雪控制技术，能够在冬季寒冷环境下高效、智能地实现路表抗滑安全供给，是多学科深度交叉融合的全新领域，也是近年来智能路面方向的研究热点之一。

电热型融雪路面技术，作为能量转化型路面的一种。巧妙地利用了电能与热能之间的转换原理，实现了安全、高效且环保的融雪化冰效果。该技术将发热体预埋在路面下方，通过特定的排列方式，确保电能能够高效地转化为热能。这些热能自下而上传递至路表，有效融化积雪和冰块，保障道路的畅通无阻。

在能量转化型路面的设计中，道路结构的导热性能对于确保融雪效率与提升能量利用率具有至关重要的作用。为了实现这一目标，传统混凝土制备过程中会引入特定比例的复合相填料，如钢渣、石墨烯、碳纤维和钢丝绒等，来替代集料或矿粉。这些添加剂旨在强化混凝土的导热和导电性能，进而提升能量传递的效率。这类具备特殊功能的混凝土，我们统称为导电导热混凝土。

在功能性混凝土的应用中，导热混凝土与导电混凝土各有侧重。导热混凝土聚焦于提升混合料的集热效率，通过添加导热相填料，增强混凝土的导热系数，优化内部热量的传递性能。而导电混凝土则通过在集料中掺入复合型导电材料，构建出一个内部通畅的导电网络，提升混凝土的电导率，并借助电热效应在接通电源时迅速发热升温，以实现路面冰雪的融化。在能量转化型路面的实际运行中，路表融雪化冰的热量主要来源于道路结构内部的发热体。因此，上层混凝土的导热性能直接决定了热量传递的效率。为此，在确保道路使用性能的基础上，提高混凝土的导热性能显得尤为重要，这也是我们努力优化和研究的重点。

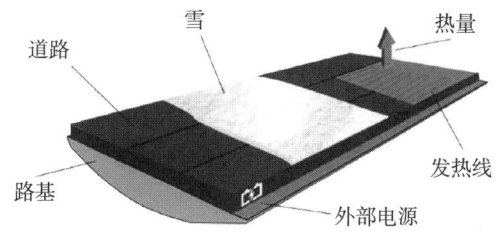

图5-21 电热型融雪路面原理示意

雪
道路
路基
热量
发热线
外部电源

在电热型融雪路面技术的应用中，其融冰化雪的能量传导过程清晰可见，如图5-21所示，系统通电后，发热体随即启动发热模式。紧接着热量通过导热混凝土迅速传导至路面，使得路面温度逐步上升。这一过程中，热能主要依赖于固体与固体之间的热传导方式，高效地传递至路面上的冰雪层，从而实现融雪化冰的目的。同时，路面表面与空气之间的热对流也起到了一定的辅助作用，而热辐射的影响则相对较小。

4．压电发电路面

路面压电发电系统铺设在道路下方，利用车辆通行等日常交通活动所产生的机械振动能，实现电力生成，从而既满足了电力需求，又减小了对环境的影响，真正做到零污染。鉴于我国丰富的道路资源和广泛的机械振动能采集范围，压电发电技术的突破和应用将极大地缓解电力供应紧张的问题，为我国的能源安全和可持续发展提供有力支持，有助于我国实现双碳目标，为环保事业作出积极贡献。

在路面压电发电的应用中，压电材料主要分为无机与有机两大类。目前，广泛采用的压电陶瓷锆钛酸铅（PZT），作为无机压电材料的代表，展现了出色的压电性和较高的介电常数。而有机压电材料，如偏聚氟乙烯（PVDF）和聚氯乙烯等，则通常被制成压电薄膜，它们以柔韧的材质、高压电常数以及较低的密度和阻抗为特点。在选择路面压电材料时，除了要求具备良好的压电性能外，还需考虑其耐压、耐磨损的能力，并确保能与路面完美融合。表5-2为不同压电发电路面的实施优缺点。

压电发电路面实施优缺点 表5-2

方案名称	方案概述	优点	缺点
压电材料与路面材料一体化方案	利用路用压电复合材料直接铺筑而成的压电发电路面形式	直接赋予筑路材料压电性能，极大方便了后期压电发电路面的铺筑应用	路用压电复合材料制备技术难度大、干扰因素多，现阶段研究较少
压电换能元件埋入式方案	将具有发电能力的压电换能元件埋设于路面结构内部	相对于一体化方案，能量输出量级高、可控性强、实施相对简单	需阵列式逐个铺设，施工作业复杂、结构易损坏
集成式压电装置方案	将若干压电元件作为一组进行封装，然后铺设于路面内	铺设相对简单，可靠性高，有一定的可维护性	铺设方式及其与道路的匹配能力仍需进一步研究

压电发电配置灵活，发电效率高，不受输配电网的影响，寿命较长，不仅可以为道路沿线的相关设施供电，也可为不易配设输配电网的路面供电，发出电能也可经过电力转换设备配送到电网。在高速公路、隧道、桥梁、飞机跑道等交通要道，以及市区内的交通道路、减速带、收费站等地方，压电发电系统都能有效地进行能量采集和发电。而对于日常生活中的压电发电地板，其压电转换结构具有多样性，能够广泛应用于家庭发电或照明等场景。

课后习题

1. 城市道路交通系统如何实现低碳化？

2. 与传统的城市综合交通系统规划相比，低碳城市综合交通系统规划中的工程技术创新有哪些？

3. 城市道路废旧材料再生循环技术有哪些？

参考文献

[1] 刘冰. 城市综合交通运输体系发展与规划[M]. 北京：中国建筑工业出版社，2019.

[2] 李作敏. 交通工程学[M]. 3版. 北京：人民交通出版社股份有限公司，2017.

[3] 张洪伟. 交通运输行业绿色低碳发展路径研究与实践[M]. 北京：人民交通出版社股份有限公司，2023.

[4] 胡垚，吕斌. 大都市低碳交通策略的国际案例比较分析[J]. 国际城市规划，2012，27（5）：102-111.

[5] 刘君，刘尚俊. 绿色低碳理念下现代城市交通规划措施分析[J]. 生态经济，2017，33（2）：54-57.

[6] 李保华. 低碳交通引导下的城市空间布局模式及优化策略研究——以郑州为例[D]. 西安：西安建筑科技大学，2013.

[7] 杨帆航，李瑞敏. 美国道路瘦身发展综述[J]. 城市交通，2017，15（3）：27-35.

[8] 张婉鸣. 城市道路交叉口交通组织优化设计研究[D]. 广州：华南理工大学，2013.

[9] 王云鹏，严新平，鲁光泉，等. 智能交通技术概论[M]. 北京：清华大学出版社，2020.

[10] 陆化普，孙智源，屈闻聪. 大数据及其在城市智能交通系统中的应用综述[J]. 交通运输系统工程与信息，2015，15（5）：45-52.

[11] 伊笑莹，芮一康，冉斌，等. 车路协同感知技术研究进展及展望[J]. 中国工程科学，2024，26（1）：178-189.

[12] 赵旭东. 就地冷再生技术在沥青路面水泥稳定底基层中的应用[J]. 交通世界，2020（29）：88-89；91.

[13] 朱翔安. 三渣旧料水泥稳定就地冷再生基层施工技术[J]. 建筑技术开发，2022，49（7）：42-45.

[14] 黄浩. 橡胶改性沥青路面降噪技术研究进展[J]. 现代交通技术，2024，21（1）：28-33.

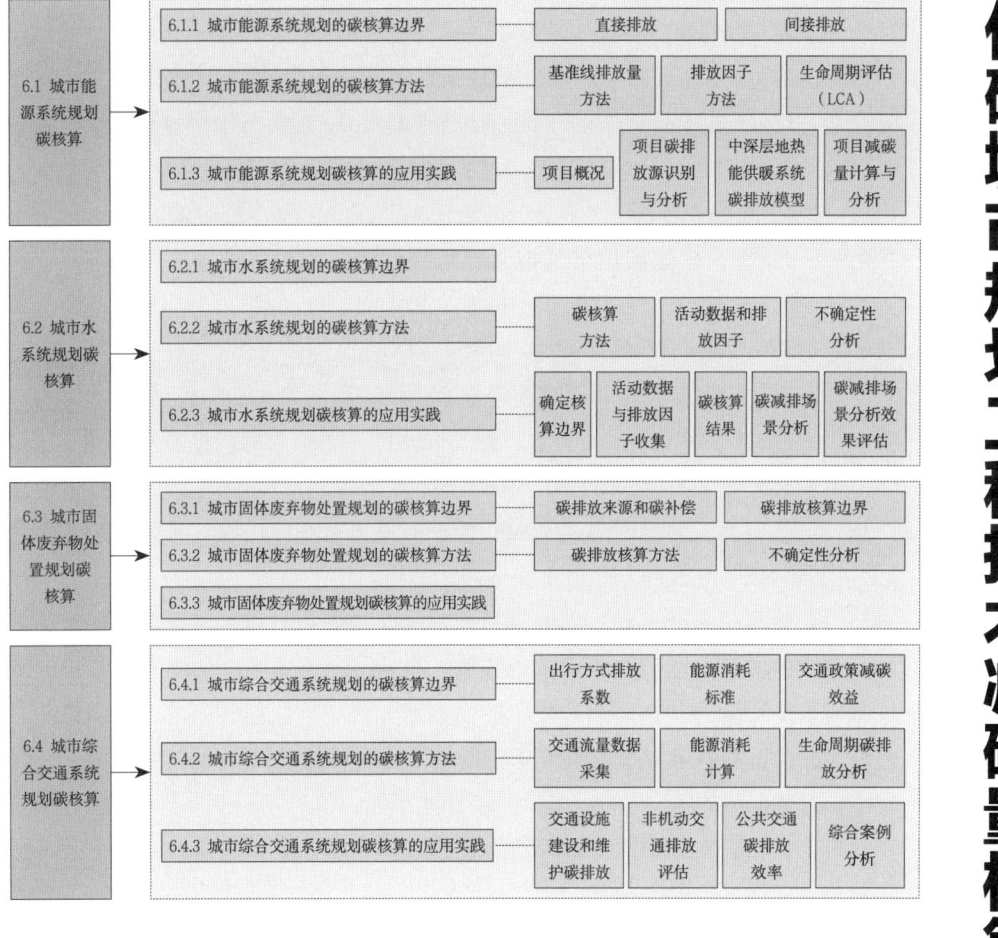

第6章 低碳城市规划工程技术减碳量核算

6.1.1 城市能源系统规划的碳核算边界

城市碳排放的核算边界涉及几个关键方面。首先，需要确定地理边界，这通常取决于核算的目的和用户需求。地理边界可以是一个行政区划意义上的城市、都市圈、建成区、园区或社区等。其次，要区分直接排放和间接排放。直接排放是指发生在城市地理边界内的排放，而间接排放是由城市地理边界内的活动引起但在地理边界外发生的排放。为了更好地区分这两种排放并避免重复计算，通常参考温室气体核算体系（Greenhouse Gas Protocol, GHG Protocol），采用"范围"的概念，将温室气体排放划分为三个"范围"：范围一排放（直接排放）、范围二排放（与调入电力和热力相关的间接排放）和范围三排放（除范围二以外的所有其他间接排放）。

温室气体核算体系是一个用于测量、报告和管理组织温室气体排放的国际性标准，由世界资源研究所（World Resources Institute, WRI）和世界工商业务委员会（World Business Council for Sustainable Development, WBCSD）共同开发，目的是为组织提供一种标准化的方法，以便更好地理解和管理其温室气体排放。

GHG Protocol包含的企业会计与报告标准（Corporate Accounting and Reporting Standard）提供了组织评估和报告其直接和间接温室气体排放的方法。它涵盖了范围一、范围二和范围三的排放，其中：

范围一（直接排放）：直接温室气体排放。

定义：企业自身在营运过程中一系列活动直接产生的排放结果。

范围二（间接排放）：电力、蒸汽和热力/冷气产生的间接温室气体排放。

定义：企业拥有或控制的设备或运营消耗的外购能源所产生的间接排放，包括电力、热能、蒸汽、冷气等产生的温室气体排放。所谓外购能源，是指通过采购或其他方式进入企业内的能源。

对许多公司而言，外购的电力是其最大的温室气体排放源之一，也是减少排放的关键。通过对范围二的核算，企业可以更好地评估温室气体排放成本并改变用电方式，并通过投资能效技术和改进节能措施来减少用电量。另外，新型的绿色电力市场也为企业提供了转用低温室气体强度电力的机会。

范围三（间接排放）：其他间接温室气体排放。

定义：企业在范围二以外的间接排放，包括企业供应链及企业上下游可能产生的所有排放。

6.1.2 城市能源系统规划的碳核算方法

城市能源系统规划的减碳量核算方法主要是评估和计算不同能源政策、技术措施或项目实施后，相较于基准情景所减少的温室气体排放量。常用的减碳量核算方法如下：

1．基准线排放量方法

基准线排放量是指在没有采取减碳措施的情况下，预期会产生多少排放量。通过设定一个基准线，可以评估采取特定措施后的减碳效果。

2．排放因子方法

排放因子是指单位能源消耗产生的温室气体排放量。这种方法适用于计算特定能源使用时产生的碳排放。排放因子计算模型是估算温室气体排放量的重要工具，它通过将活动的量（如能源消耗量、运输距离等）与特定排放源的平均排放强度（即排放因子）相乘来计算排放量。这种方法简化了排放估算过程，使其适用于广泛的组织和活动。

排放因子是衡量单位活动产生的温室气体排放量的指标，通常以千克二氧化碳当量（$kgCO_2$-eq）表示。不同的排放源（如化石燃料燃烧、农业生产、交通运输等）有不同的排放因子。

排放因子计算模型的基本公式为：排放量＝活动数据×排放因子。

排放因子可能来自不同的来源，包括政府发布的官方数据、科学研究、行业报告等。在选择排放因子时，应该考虑其来源的可靠性、更新的频率以及与特定活动相关的适用性。为了提高排放计算的准确性和一致性，国际组织如IPCC（政府间气候变化专门委员会）和WRI（世界资源研究所）等机构会提供指南和排放因子数据库，供不同的用户和目的使用。

排放因子计算模型是评估和管理碳足迹的有效工具，但它也有局限性，因为它通常基于平均数据，可能无法反映特定情况下的实际排放情况。因此，它应该与其他方法结合使用，以获得更全面的碳排放评估。

3．生命周期评估（LCA）

LCA是一种全面评估产品或服务从生产到废弃整个生命周期内的环境影响的工具。它包括原料采集、生产、运输、使用和最终处置的所有阶段。LCA可以用来评估不同能源解决方案的碳足迹。

在进行减碳量核算时，通常需要综合考虑各种因素，如能源效率提升、可再生能源的利用、碳捕捉技术、能源消费模式的变化等。

城市能源系统主要采用排放因子计算模型。

6.1.3 城市能源系统规划碳核算的应用实践

1．项目概况

以西安市新城区片区综合改造安置项目地热供热规划为例。该项目规划建设中深层无干扰地热清洁供热项目，为新城区拟建安置小区新建换热站7座，无干扰地热供热换热孔29个，总供热面积为43.12万m^2，供热能力为19.4MW。

2．项目碳排放源识别与分析

1）项目建安阶段碳排放源

项目建安阶段碳排放主要包括：

建设供热室外换热系统（换热孔29个）的碳排放；

无干扰地热供热系统站房（7座）建设的碳排放；

铺设地热供热系统一次管网（外网长度约3km，DN100～DN300）。

2）项目运行阶段碳排放源

项目运行阶段碳排放源主要来自各供暖设备的电能消耗的间接碳排放。

供暖设备功率主要包含供热机组、循环水泵、补水泵的用电负荷，估算项目设备用电总功率4720kW。

3）碳排放源分析

采用"中深层无干扰地热供热"的供热能源方案，供热站及市政供热换热站均拟建于小区地下车库的设备用房内，站房内的软水器、软水箱、补水泵、循环水泵等设备均可通用，只是"中深层无干扰地热供热"供热方案采用热泵机组与室外换热孔进行换热给楼宇供热，市政热源采用换热机组与市政一次网热源换热给楼宇供热，两种方案在机房的要求上几乎相同，一次热力管网参数要求相近，二次网系统是相同的，只是热源供给方案不同。

与传统市政集中供热方案相比，本项目建安阶段增加了室外换热系统（换热孔29个），其余设施工程量与传统方案几乎相同；本项目运行阶段与市政供热方案相比，增加的能耗主要为供热机组的电能损耗，省却了集中供热一次热网中热媒的生产和传输的煤耗。

建安阶段碳排放量远小于运营阶段碳排放量，因此本项目的减碳量主要为市政供热煤耗碳排放量减去供热机组电耗碳排放量。

3．中深层地热能供暖系统碳排放模型

1）模型选取参考

参考《河北省中深层地热能替代化石燃料集中供热项目降碳产品方法学》（版本号V01），考虑河北省与陕西省关中地区气候条件、能源禀赋、供热方式等具有较高相似性，本项目中的中深层地热供暖项目采用此方法学作为参考。

2）基准线情景

本项目为新建的区域供热项目，可采用项目所在城市建成区内所有化石燃料集中供热系统的平均碳排放强度计算基准线排放量。

当基准线情景为原有的化石燃料集中供热系统供热时，基准线排放量通

过项目替代的供热量和原有供热系统的平均供热碳排放强度计算。当项目为新建区域供热项目时,基准线排放量通过项目替代的供热量和项目所在城市建成区内的所有化石燃料集中供热系统的平均供热碳排放强度计算。计算模型如下:

$$BE_y = FF_{HGy} \times Sgr_y \qquad (6\text{-}1)$$

其中:BE_y——基准线排放量;

FF_{HGy}——第 y 年项目活动替代的供热量(GJ);

Sgr_y——第 y 年项目替代的化石燃料集中供热系统或所在城市建成区内的所有化石燃料集中供热系统的供热碳排放强度加权平均值(tCO$_2$/GJ)。

3)基准线供热量的计算

基准线供热量即为中深层地热能替代化石燃料集中供热的供热量,采用换热站二次侧的计量数据。项目的计量设备如果为热量计,则直接使用热量计的读数计算。按照如下公式计算供热量:

$$FF_{HGy} = \sum \left(FR_{jdy} \times \Delta t_{jdy} \times 4.2 \times 10^{-6} \times T \right) \qquad (6\text{-}2)$$

其中:FR_{jdy}——第 y 年换热站二次侧的平均流量(kg/h);

Δt_{jdy}——第 y 年换热站二次侧的供水与回水的平均温差(℃);

4.2×10^{-6}——水的比热容(GJ/kg·℃);

T——地热井的年利用小时数(h/a)。

4)供热碳排放强度加权平均值的计算

$$Sgr_y = \sum \left(Sgr_{n,y} \times f_{n,y} \right) \qquad (6\text{-}3)$$

其中:$Sgr_{n,y}$——第 y 年项目替代的化石燃料集中供热系统或所在城市建成区内第 n 个化石燃料集中供热系统的供热碳排放强度(tCO$_2$/GJ);

$f_{n,y}$——第 y 年项目替代的化石燃料集中供热系统或所在城市建成区内第 n 个化石燃料集中供热系统的供热碳排放强度的权重。

$$f_{n,y} = H_{n,y} / \Sigma H_{n,y} \qquad (6\text{-}4)$$

其中:$H_{n,y}$——第 y 年项目替代的化石燃料集中供热系统或所在城市建成区内第 n 个化石燃料集中供热系统的供热量(GJ)。

当化石燃料供热系统的供热量数据不可得时,采用供热面积计算权重,按如下公式计算:

$$f_{n,y} = W_{n,y} / \Sigma W_{n,y} \qquad (6\text{-}5)$$

其中:$W_{n,y}$——第 y 年项目替代的化石燃料集中供热系统或所在城市建成区内第n个化石燃料集中供热系统的供热面积（m²）。

5）项目排放量计算

$$PE_y = PE_{EC, y} + PE_{FF, y} \qquad (6\text{-}6)$$

其中：PE_y——第y年的项目排放（tCO₂）；

$PE_{EC, y}$——第y年项目活动中电量消耗所产生的排放（tCO₂）；

$PE_{FF, y}$——第y年项目活动中化石燃料所产生的项目排放（tCO₂）。

（1）$PE_{EC, y}$的计算

$$PE_{EC, y} = EC_{PJ, y} \times EF_{grid, CM, y} \qquad (6\text{-}7)$$

其中：$EC_{PJ, y}$——第y年项目消耗的电网电量（MWh）；

$EF_{grid, CM, y}$——第y年电网组合边际CO₂排放因子（tCO₂/MWh）。

第y年电网的组合边际CO₂排放因子的计算采用国家主管部门最新公布的西北电网或陕西电网电量边际排放因子和容量边际排放因子加权组合。

（2）$PE_{FF, y}$的计算

本项目中深层地热供暖系统运行无化石能源消耗，故此项为零。

6）减排量计算模型

$$ER_y = BE_y - PE_y \qquad (6\text{-}8)$$

其中：ER_y——第y年的减排量（tCO₂）；

BE_y——第y年的基准线排放量（tCO₂）；

PE_y——第y年的项目排放量（tCO₂）。

4．项目减碳量计算与分析

本中深层无干扰地热清洁供热项目，按照构建的碳排放计算模型，测算方法步骤如下：

1）基准线供热量的计算

基准线供热量即为中深层地热能替代化石燃料集中供热的供热量，采用换热站二次侧的计量数据。由于项目未建成，以上数据均无从获取，不能采用式6-2进行计算，则需采用其他方式估算。

本项目总供热面积43.12万m²，供热能力19.4MW。

由热力换算关系，1MWh折合3.6GJ。

根据《民用建筑供暖通风与空气调节设计规范》GB 50736—2012，西安市设计供暖期天数为100天（供暖室外计算温度-5℃，供暖室外平均温度-1.6℃）。

项目供暖期供热量为100×24×19.4×3.6=167616GJ，作为基准线供热量。

2）供热碳排放强度加权平均值的计算

参照生态环境部发布的《2021、2022年度全国碳排放权交易配额总量设定与分配实施方案（发电行业）》中附件2的各类型机组碳排放基准值，2022年度集中供热碳排放基准综合取值为：0.0968tCO₂/GJ。估算过程如下：

根据《西安统计年鉴2022》、西安市热力集团官网、大唐集团官网、西安市住建局官网等资料统计，西安市中心城区集中供热采用燃煤和天然气作为热源的比例约为3：1，因此集中供热碳排放基准值为：（0.1105×3+0.0557）÷4=0.0968tCO₂/GJ。

3）项目排放量计算

本项目主要计算运营后的碳排放，主要为中深层地热系统供暖设备用电带来的碳排放，即：

$$PE_y=PE_{EC,y} \qquad (6-9)$$

其中：PE_y——第y年的项目排放（tCO₂）；

$PE_{EC,y}$——第y年项目活动中电量消耗所产生的排放（tCO₂），可采用式6-7进行计算。

本项目设备方案为：供暖设备包含供热机组、循环水泵、补水泵的用电负荷，估算项目设备用电总功率4720kW。

根据生态环境部、国家统计局联合发布的《关于发布2021年电力二氧化碳排放因子的公告》中数据显示，2021年全国电力平均二氧化碳排放因子为0.5568kgCO₂/kWh，西北电网为0.5951kgCO₂/kWh，陕西省为0.6336kgCO₂/kWh。

计算本项目碳排放量PE_y为：$PE_y=4720×100×24×0.6336÷1000=7177.4tCO_2$。

4）减排量计算

基准线碳排放量采用单位综合供热量碳排放排放因子法，集中供热碳排放基准综合取值：0.0968tCO₂/GJ。基准线碳排放量$BE_y=0.0968×167616=16225.2tCO_2$。

则，项目年均减排量ER_y为：$ER_y=BE_y-PE_y=16225.2-7177.4=9047.8tCO_2$。

6.2 城市水系统规划碳核算

6.2.1 城市水系统规划的碳核算边界

城市水系统是指由城市社会经济活动引起的涵盖取水、供水、用水、排水等在内的各种供水排水设施的总称。作为保障城镇居民正常生活、社会经济良性发展的重要基础设施，我国城市水系统规划事业不断发展壮大，进而也引发了大量的温室气体（如CO₂、CH₄等）排放。研究发现，我国城市水系统碳排放占城市总碳排放的12%，是城市碳排放的主要来源之一。碳核算和核查是行业进行低碳发展的第一步，2022年6月，生态环境部等7个部门印发的《减污降碳协同增效方案实施方案》已明确提出"开展城镇污水处理和资源化利用碳排放测算，优化污水处理设施能耗和碳排放管理"，表明我国碳核算、核查和减排的重点已逐步扩大到生活与服务领域等全方位，城镇已成为国家减污降碳、协同增效的主战场。

在确定核算方法并进行碳排放核算时，为了确保核算的准确性和代表性，并有效避免重复计算或漏算，首要任务便是明确碳排放核算边界，其核算框架如图6-1所示。政府间气候变化专门委员会（Intergovernmental Panel on Climate Change，IPCC）提出的碳排放核算边界主要包括碳源和碳汇。碳源包括直接排放和间接排放。直接排放是指生产经营过程中产生的所有温室气体排放，如化石燃料使用、工业生产能耗、生化反应等排放。间接排放来自设备和仪器的使用、能源和电力设施的运行等。碳汇主要通过植树造林、植被恢复等碳捕获与封存措施从大气中吸收二氧化碳。

核算边界包含多个维度，其中，时间范围与系统和自然的交互边界是最基本的两个维度。在时间范围上，城市水系统的相关设施及构筑物，从其建造、功能发挥直至重置、拆除的过程中，始终伴随着温室气体产生，影响碳排放核算结果。因此，城市水系统进行碳排放核算和碳减排需考虑其"从摇篮到坟墓"的全生命周期过程。包括：①规划建设，即设施正式运行投产前的全部过程；②运行维护，即设施正式投产至结束运行之间的全部过程；③资产重置与拆除，即设施结束运行后用作他用或彻底移除的全部过程。在系统和自然的交互边界上，城市水系统碳排放核算结果不仅包括物理边界内的碳排放活动，也包括与之关联的物质流等活动，例如，能源输入、出水排水、污泥处置。

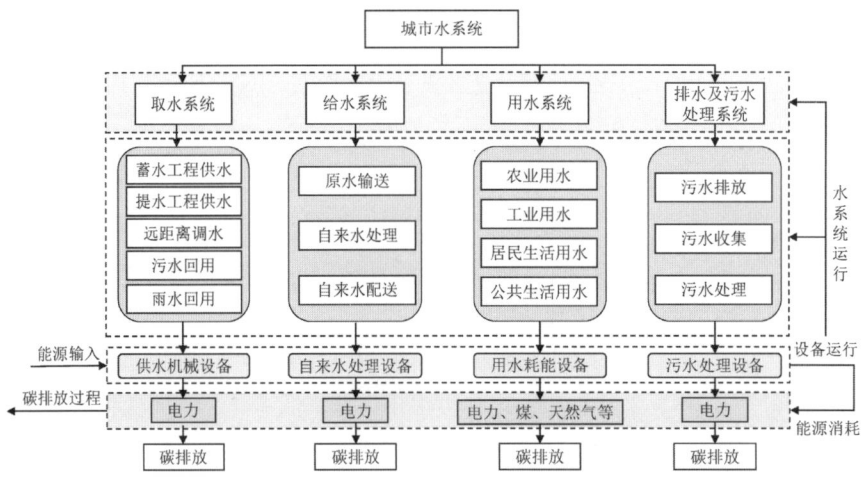

图6-1　城市水系统碳排放核算框架

运行过程中产生的温室气体主要包括CO_2、CH_4与N_2O。根据有机物来源种类不同，CO_2产生来源可分为生源性和化石源。从碳循环角度看，若可溯源至近期内植物光合作用所产生的有机物，则称其为生源性CO_2，其来自大气碳库，并最终重新回到大气碳库，处于地球短期碳循环中，所以生源性CO_2不会造成大气中CO_2总量的增长。若有机物最终溯源至化石燃料或其加工生产品，则其产生的CO_2为化石源（或非生源性），其属于以化石燃料为代表的长期碳循环。污水中有一部分碳来源于化石燃料或属于非生源性碳（如，化妆护肤品等部分成分来源于化石燃料）。核算城市水系统温室气体应将生源性CO_2排除在外，而将化石源（或非生源性碳）计入核算范围。

6.2.2　城市水系统规划的碳核算方法

1．碳核算方法

根据国际和国内现有的相关研究，可以将碳排放核算方法分为三大类：用于支撑碳交易市场的碳排放核算方法、面向消费侧碳排放的估算方法以及基于因素分解法的碳排放计量方法。第一类方法源于《2006年IPCC国家温室气体清单指南》，主要包括排放因子法、实测法和质量平衡法三种核算方法。第二类方法用于计算消费侧碳排放，主要有投入产出法。第三类方法是将碳排放的变化分解为几个因素变化的叠加作用，通过构建各种模型来对碳排放量进行估算，主要包括Kaya模型、IPAT模型等结构分解法和对数平均权重Divisia指数（LMDI）模型、Laspeyres指数分解法。在各种方法中，较为常用的方法为排放因子法，被广泛应用于各国的碳排放核算工作中，并且在支撑碳交易市场中发挥重要作用。

排放因子法又称排放系数法，是IPCC最早提出的碳排放核算方法，也是目前应用最广泛的方法。其基本计算过程是在碳排放清单基础上，确定各污染源的活动数据和排放因子，并将二者相乘以估算碳排放量，如式（6-10）所示：

$$E=AD \times EF \qquad （6\text{-}10）$$

式中：E表示温室气体排放量（以CO_2计）；AD表示排放源活动数据（TJ）；EF表示排放因子（t/TJ）。

2．活动数据和排放因子

当使用碳排放因子法来核算城市水系统的碳排放量时，必须考虑到活动数据和排放因子这两种关键数据类型。活动数据主要涉及系统的具体操作情况，例如水泵每天的工作时长、处理的水量以及所需的能耗。这些数据可以通过智能监控系统自动收集，或者通过定期审查和更新水处理设施的运营日志手动记录。为了增强数据的完整性和精确度，还需定期进行设备和过程的审计，以及与水处理设施的技术人员合作，确保所得数据的有效性。

排放因子既可以参照《2006年IPCC国家温室气体清单指南》中的缺省值，也可以采用权威机构的实际测量值。通过统计，目前可以获取排放因子的渠道主要有IPCC指南、国际能源署等7个途径。我国发布的《省级温室气体清单编制指南（试行）》、英国曼彻斯特大学编制的《温室气体地区清单协定书》以及国际地方政府环境行动理事会（International Council for Local Environmental Initiatives，ICLEI）发布的《温室气体排放方法学议定书》等，皆是在此基础上提出的。

碳排放因子通常以单位为千克二氧化碳当量（$kgCO_2$-eq）来表示，以便比较不同活动或过程的排放量。CO_2是人类活动产生的主要温室气体，为了统一量化不同温室气体对温室效应的贡献，提出CO_2-eq的概念，作为量化不同温室气体的排放量的单位。

一种温室气体的CO_2-eq是通过排放吨数与全球变暖潜能值（Global Warming Potential，GWP）相乘得到。国际ISO 14064—1：2018标准规定，温室气体排放核算宜采用100年时间跨度的GWP作为对照标准。表6-1中列出了IPCC中所给出的GWP值，可供计算参考。

第5版IPCC评价报告全球变暖潜能值（GWP）　　　　　表6-1

温室气体	GWP100
CH_4	28
N_2O	265

3．不确定性分析

碳排放核算的不确定性主要源自活动数据和排放因子的不确定性。活动数据的不确定性往往是由数据采集的不完整性、测量方法的误差或信息的时效性不足引起的。例如，设备的实际运行状况可能与预设或报告中的数据存在偏差，或在数据记录过程中可能出现人为录入错误。排放因子的不确定性则可能源于使用的排放因子不够精确或更新不及时，尤其是在使用标准排放因子而非针对特定设备或过程的定制排放因子时。科学研究的进展和政策的变动也可能导致排放因子的调整，从而增加核算过程中的不确定性。因此，提升活动数据质量和增强排放因子的精确性是降低碳排放核算不确定性的关键。

进行不确定性分析的一种有效方法是蒙特卡罗法。该方法通过随机抽样技术模拟数据的潜在分布，从而评估活动数据和排放因子的不确定性对碳排放核算结果的影响。在实施蒙特卡罗法时，首先需确定每个输入变量的概率分布，例如正态分布、均匀分布或三角分布，这依赖于变量的统计特性及可获得的数据。随后，该程序将生成众多潜在的情景，每一情景均基于预设的概率分布随机选择特定值。通过对这些情景的重复模拟，可以得出碳排放量的概率分布，进而实现更全面的风险评估和不确定性分析。此方法能够帮助决策者了解在不同情况下可能的碳排放范围及核算结果的可靠性。由于其能够处理大量不确定因素和复杂的输入关系，蒙特卡洛法被广泛应用于环境科学和工程项目中。

6.2.3　城市水系统规划碳核算的应用实践

实践项目 低碳城市规划工程技术课程实践项目——城市水系统规划的碳核算及减排方案分析

本节以某区市政污水管道系统为例进行碳核算，管道总长度约为141km，管道敷设时采用了多种典型管道材料，包括钢筋混凝土、铸铁、PVC、PE等，在某种程度上代表了我国城市污水管道建设的概貌。

1．确定核算边界
该市政污水管道系统碳排放核算边界选取截至2021年底建设完成的市政污水管道系统，核算其建设阶段的碳排放量。核算范围包括敷设管道生产过程中因动力机械消耗化石燃料造成的直接排放和因电力消耗、材料消耗以及运输造成的间接排放。并将所有消耗作为一个整体，依据管道长度和碳排放因子进行碳排放量核算。

2．活动数据与排放因子收集
该市政污水管道系统敷设管道材料主要有六种，具体的管道类型及对应的管道直径和管道长度见表6–2。

与活动数据相对应的是排放因子的收集，根据前文中提到的排放因子获取来源，将采集到的排放因子数据列于表6–3和表6–4。其中，钢筋混凝土管、铸铁管和钢管是按照管径确定碳排放因子，并与管道长度相乘得到碳排放量。而PVC管和PE管是根据管道重量确定碳排放因子，砖砌管涵是根据建设体积确定碳排放因子，并与管道重量或建设体积相乘得到碳排放量。

管材	管径/mm	管长/m	管径/mm	管长/m
钢筋混凝土管	200	623	800	6917
	250	22	1000	15359
	300	14564	1200	2572
	400	26303	1350	2519
	500	21848	1500	1447
	600	13242	1800	345
	700	313	2500	519
PVC管	100	24	400	22652
	150	57	500	3807
	160	38	600	1194
	200	838	700	274
	250	67	800	3
	300	3882		
PE管	160	10	300	90
	200	83	400	138
铸铁管	200	40	500	1
	400	172	600	46
钢管	200	5	800	264
	400	12		
砖砌管涵	200×200	36	600×300	29
	200×300	13	600×700	8
	200×400	2	400×1000	4
	300×300	40	1200×800	277
	400×300	42	3000×3000	344
	400×500	30		

铸铁管道、钢管道及钢筋混凝土管道的排放因子　　表6-3

管径	碳排放因子（tCO$_2$-eq/km）		
	铸铁管道	钢管道	钢筋混凝土管道
DN300	105.1	181.3	10.9
DN400	155.4	228.6	20.1
DN500	214.0	287.2	32.1
DN600	280.7	345.4	52.4
DN700	356.1	403.4	63.9

管径	碳排放因子（tCO₂-eq/km）		
	铸铁管道	钢管道	钢筋混凝土管道
DN800	440.9	461.9	86.7
DN900	532.3	519.9	106.4
DN1000	630.5	578.1	126.7
DN1200	856.0	694.4	178.8

PVC管、PE管及砖砌管涵的排放因子   表6-4

管材	碳排放因子	数据来源
PVC管	7.93kgCO₂-eq/kg	《建筑碳排放计算标准》 GB/T 51366—2019
PE管	3.60kgCO₂-eq/kg	
砖砌管涵（烧结普通砖）	134kgCO₂-eq/m³	

3. 碳核算结果

根据排放因子法，核算并整理该区市政污水管道系统建设阶段碳排放量，结果见表6–5。钢筋混凝土管材作为主要的管道材料，在整体碳排放中占据了绝大部分，达到了76.44%，基于核算结果，应优先降低钢筋混凝土管的使用量或选择替代材料，采用更环保、低碳的管道制造技术和施工工艺，通过建立管道运行的实时监控系统等手段设法降低碳排放量。

某区市政污水管道系统建设阶段碳排放核算结果   表6-5

管道材料	碳排放量（tCO₂-eq）	比例
铸铁管	42.0	0.48
钢管	125.1	1.42
钢筋混凝土管	6720.9	76.44
PVC管	1449.6	16.49
PE管	1.07	0.01
砖砌管涵	453.7	5.16

4. 碳减排场景分析

依据核算结果，提出两种有望降低碳排放量的方案，见表6-6。在方案A中，计划通过更换不同的管材组合（P1–P4）重新敷设该市区141公里的市政污水管道，并将新的核算结果与当前的核算结果进行比较。在方案B中，因为该市区目前的管道类型繁多，且尺寸较大则考虑了建设不同管径的钢筋混凝土管和PVC管。

方案	方案介绍
A	141公里的管道将采用不同的管道材料组合（C[a]，P1[b]，P2[c]，P3[d]和P4[e]）
B	141公里的管道将采用不同管径的管道建造（钢筋混凝土管管径为DN150、DN300、DN500、DN800、DN1000；PVC管管径为DN150、DN300、DN400、DN600）

[a]C（当前场景：75%钢筋混凝土管和25%PVC管）；
[b]P1（100%钢筋混凝土管）；
[c]P2（100%PVC管）；
[d]P3（25%钢筋混凝土管和75%PVC管）；
[e]P4（50%钢筋混凝土管和50%PVC管）。

5．碳减排场景分析效果评估

方案A的核算结果显示（图6-2），P2的碳排放量为6155.6tCO$_2$-eq/a，与当前场景（C：75%钢筋混凝土管和25%PVC管）比较，该市区市政污水管道系统建设阶段碳排放总量将降低1564.9tCO$_2$-eq/a，碳排放量降低幅度约为20%，是碳减排效果较好的方案。

方案B核算结果显示，钢筋混凝土管碳排放量约为5800.1tCO$_2$-eq/a，PVC管碳排放量约为1545.4tCO$_2$-eq/a，合计7345.5tCO$_2$-eq/a（图6-3）。与当前场景的碳排放量7720.5tCO$_2$-eq/a相比，减少了375tCO$_2$-eq/a，碳排放降低幅度约为5%。

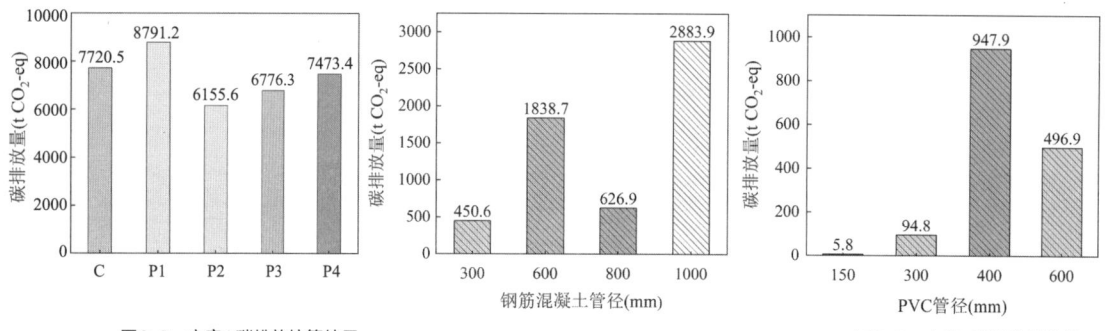

图6-2 方案A碳排放核算结果   图6-3 方案B碳排放核算结果

6.3 城市固体废弃物处置规划碳核算

城市固体废弃物种类及处置技术繁多，其碳排放核算可以归于固体废弃物产生系统内进行核算，例如给水污泥处置的碳排放归于给水处理系统核算，剩余污泥处置的碳排放归于污水处理系统核算。同时，也可对特定的固体废弃物处置技术或过程进行独立的碳排放核算，为固体废弃物低碳资源化的技术评价和应用提供支撑。城市固体废弃物处置规划的碳排放核算边界确定原则与城市水系统规划的碳排放核算存在相似之处，可参考本书6.2节。

6.3.1　城市固体废弃物处置规划的碳核算边界

1．碳排放来源和碳补偿

固体废弃物处置一般具有安全处置（污染防控）和资源回收的双重作用，因此其碳排放核算应考虑碳排放和碳补偿两方面。

1）碳排放

城市固体废弃物处置的碳排放包括直接碳排放和间接碳排放。直接碳排放指的是废弃物处置全链条过程中发生在处置系统组织边界内的温室气体直接逸散；间接碳排放指的是发生在固体废弃物处置系统组织边界内部的活动所引起的碳排放，其温室气体生成和逸散发生在系统组织边界外，例如废弃物处置过程消耗化学品、能源、工程设施等衍生的温室气体排放。城市固体废弃物处置的碳排放主要来源于以下几个方面：

（1）温室气体直接排放。固体废弃物处置过程中直接产生的甲烷、一氧化二氮等温室气体及其逸散排放。

（2）化学品消费。固体废弃物处置过程中药耗等产生的间接碳排放，例如剩余污泥化学调理消耗的调理剂、固体废弃物资源化处置消耗的液化水解药剂等。

（3）能源消费。固体废弃物处置过程中电力或热能消耗产生的间接碳排放，例如固体废弃物干化焚烧或热解消耗的辅助燃料或外加热能等。

（4）交通运输。固体废弃物收集和运输过程中化石燃料消费产生的间接碳排放。

（5）构筑物、设备及其材料的生命周期：固体废弃物处置构筑物及设备的建设、制造、运输、安装、使用等过程产生的间接碳排放。

（6）次生废物处理的碳排放：固体废弃物处置过程中，如果生成次生废物，其处置过程产生的碳排放，例如固体废弃物焚烧产生飞灰、渗滤液等次生废物的安全处置碳排放。

2）碳补偿

城市固体废弃物资源化处置过程中会产生各类资源产品，例如固体废弃物焚烧产生的净热能或净电能、好氧堆肥产生的肥料、厌氧发酵产沼气燃料等，回收这些资源产品，以其等效替代商业热能、电能、肥料、燃料等商业产品，可以产生碳补偿效益。

2．碳排放核算边界

确定碳排放核算边界是确保核算准确性和代表性的前提，城市固体废弃物处置规划因涉及多种废弃物种类及处置技术，其碳排放核算边界难以统一。

城市固体废弃物处置的碳排放核算边界应考虑直接碳排放、间接碳排放和碳补偿。从宏观规划工程层面看，城市固体废弃物处置的碳排放核算应考虑规划工程措施的全生命周期过程，即规划建设、运行维护、报废拆除等；从技术层面看，城市固体废弃物处置的碳排放核算还应考虑全链条技术路线，包括废弃物收集、运输、前处理、资源化处置、安全处置等环节。以剩余污泥处置为例，其碳排放核算边界为污泥从污水处理厂二沉池分离开始，到最终产出产品、回收能量或最终处置利用的全过程，以其中一条典型技术路线为例，应考虑重力浓缩→厌氧发酵→深度脱水→运输→土地利用过程的温室气体直接逸散、构筑物建设、设备生产、投药、电耗、油耗等全部直接碳排放和间接碳排放。

6.3.2 城市固体废弃物处置规划的碳核算方法

1．碳排放核算方法

城市固体废弃物处置的碳核算方法有两种分类，即方法适用性角度分类和基本原理角度分类。

1）方法适用性角度分类

主要碳核算体系有《2006年IPCC国家温室气体清单指南》、《省级温室气体清单编制指南（试行）》、GHG Protocol温室气体核算体系（ISO 14064-1）。当前采用《2006年IPCC国家温室气体清单指南》的核算体系较多，可进一步分为排放因子法、质量平衡法和案例与模拟结合估算法。GHG Protocol温室气体核算体系一般采用生命周期评价法或排放因子法。

2）基本原理角度分类

主要碳核算方法有排放因子法、质量平衡法和实测法。

（1）排放因子法。使用范围较广，计算精度相对较高，是目前使用最普遍的碳排放核算方法，可用于固体废弃物填埋过程中的甲烷生成量和碳积累量、生物转化处置技术实施中甲烷和一氧化二氮的产生量、焚烧处置过程中甲烷、二氧化碳和一氧化二氮的产生量等。该方法对于焚烧等以能量消耗与回收为主的固体废弃物处置技术更为适用。基本计算方程为：

温室气体（GHG）排放量=活动数据（AD）×排放因子（EF）（6-11）

（2）质量平衡法。采用具体固体废弃物对象范围内或具体处置过程中典型温室气体元素平衡的方法进行计算，但该方法具有对象范围局限性。

（3）实测法。基于固体废弃物处置过程中温室气体排放数据的实际监测计算碳排放量，一般用于填埋处置，对于其他处置技术计算难度较大。

2．不确定性分析

由于固体废弃物处置碳核算过程的活动数据和排放因子不准确或不具有代表性，因此核算结果亦存在不确定性问题，一般采用蒙特卡罗法进行不确定性评价。

6.3.3　城市固体废弃物处置规划碳核算的应用实践

国内固体废弃物处置规划工程的碳核算尚处于摸索和发展阶段。北京林业大学的张立秋等人曾对剩余污泥处置工艺路线进行了碳排放核算及对比分析，核算方法为排放因子法。以重力浓缩→板框压滤脱水→运输→干化→焚烧→建材利用的处置技术路线为例，其核算的总碳排放量为431.23kg/t污泥，并发现碳排放主要产生在干化和焚烧单元，主要原因是热能消耗较高。此外，Batoold等人采用生命周期评价法对巴基斯坦拉合尔市的固体废弃物处置系统进行了碳排放核算，发现运输和填埋的碳排放量最大，而厌氧发酵等资源化处置的碳排放量相对较小。

6.4 城市综合交通系统规划碳核算

在全球气候变化的大背景下，城市作为碳排放的主要源之一，其交通系统的碳排放问题尤为突出。随着城市化进程的加速，交通需求急剧增长，导致能源消耗和温室气体排放量显著上升。因此，实现交通领域的碳减排，对于城市可持续发展和全球气候目标的实现具有重要意义。

城市综合交通减碳核算方法，作为衡量和指导城市交通减碳工作的重要工具，旨在通过科学、系统的方式评估交通系统的碳排放状况，为制定减排策略提供依据。这一方法不仅包括对现有交通模式碳排放的量化分析，还涵盖了评估减排措施效果、制定未来低碳交通规划的综合策略。

面对复杂多变的城市交通系统，减碳核算方法需考虑交通工具的能效、使用频率、乘坐率等多个因素，同时还需关注交通基础设施建设和运营过程中的碳排放。此外，城市综合交通减碳核算还应包括交通模式转换、新能源车辆推广、公共交通优化等减排潜力的评估，以及对交通政策和技术创新在减碳过程中的作用分析。

本小节将深入探讨城市综合交通减碳核算的方法学框架，包括核算原则、步骤、工具及实践案例分析，旨在为城市交通减碳规划和政策制定提供理论指导和实践参考，共同推动城市交通向低碳、高效、可持续的方向发展。

6.4.1　城市综合交通系统规划的碳核算边界

随着全球对气候变化问题的关注加深，城市综合交通系统的碳排放量成为评估城市可持续性的一个关键指标。准确核算和评估城市交通系统的碳排放对于指导城市低碳发展规划、制定有效的减排措施至关重要。本小节旨在探讨城市综合交通碳排放核算的关键标准和方法，包括出行方式的排放系数、能源消耗标准及交通政策的减碳效益评估。

1．出行方式的排放系数

出行方式的排放系数是指每单位里程（通常为每乘客公里）特定交通工具产生的温室气体排放量。这些系数考虑了各种交通工具在不同条件下的能效和所用能源类型。例如，电动汽车的排放系数因电力的产生方式（如化石燃料、可再生能源）而异。准确的排放系数的确定需要基于实际运营数据和能源消耗信息，以反映真实的碳排放水平。

因此，出行方式的排放系数对于评估和比较不同交通工具的环境影响至关重要。它们可以用于制定减缓气候变化的政策，例如通过鼓励低排放交通方式来减少温室气体排放。为了确保排放系数的准确性和可靠性，必须根据全面的研究和数据收集来确定这些系数。这应包括对车辆能效、能源消耗、驾驶条件和能源生产排放因素的考虑。通过使用准确的排放系数，决策者、交通规划人员和个人可以做出明智的选择，以减少交通运输部门的碳足迹，并促进更可持续的出行方式发展。

2．能源消耗标准

能源消耗标准关注于交通工具在运行过程中的能效表现，包括燃油消耗率、电能消耗率等指标。这些标准不仅取决于交通工具本身的技术性能，还受到交通流态、行驶速度等多种因素的影响。

制定科学合理的能源消耗标准对于评估不同交通模式的能源使用效率至关重要。这些标准为优化交通结构和提升能源使用效率提供了依据。

能源消耗标准的制定应基于全面的研究和数据收集，包括：

（1）交通工具的能效特性。考虑不同类型的交通工具（如汽车、公共汽车、火车）的固有能效水平。

（2）交通流态的影响。分析交通拥堵、停止和启动、平均车速等交通流态因素对能源消耗的影响。

（3）驾驶行为的影响。考虑驾驶习惯（如急加速、急减速）对能源消耗的影响。

（4）能源生产和分配的影响。纳入电力或燃料生产和分配过程中的能源消耗和排放。

此外，能源消耗标准还可以为消费者提供有关交通工具能效的信息，帮助他们做出明智的购买决定。通过鼓励选择和使用更节能的交通方式，能源消耗标准有助于促进一个更可持续、更节能的交通系统。

3．交通政策的减碳效益评估

交通政策的减碳效益评估是核算城市综合交通碳排放的重要方面，涉及公共交通优化、交通需求管理、新能源交通工具推广等多个方面。通过对比政策实施前后的碳排放水平，可以量化政策的减碳效果。此外，评估还需考虑政策的长期影响，包括对交通行为的改变、交通模式的转移等。这里需要采用的综合方法如下：

（1）情景分析。建立基线情景和政策实施情景，以评估政策对碳排放的影响。

（2）交通模型模拟。利用交通模型模拟政策实施后的交通流模式和碳排放变化。

（3）实证研究。通过实地调查和数据分析，评估政策对交通行为和碳排放的实际影响。

城市综合交通碳排放核算标准的建立和完善，需要跨学科的知识融合和多方利益相关者的合作。通过实施这一系列核算标准，城市管理者和政策制定者能够更准确地评估交通系统的碳排放状况，制定更有效的减碳措施，最终实现城市交通系统的可持续发展。通过实施这一系列核算标准，城市管理者和政策制定者能够：

（1）更准确地评估交通系统的碳排放状况。

（2）识别和优先考虑减碳措施。

（3）监测和评估减碳政策的有效性。

（4）制定更有效的交通规划和政策。

6.4.2　城市综合交通系统规划的碳核算方法

在全球应对气候变化的背景下，精准核算城市交通系统的碳排放量对于识别减碳潜力、制定有效政策和措施具有至关重要的作用。城市综合交通减碳核算方法涉及多个方面，包括交通流量数据采集、能源消耗计算以及生命周期碳排放分析等关键步骤。

1．交通流量数据采集

交通流量数据的精确采集对于减碳核算至关重要。这一过程涉及对城市中各种交通模式（包括私人汽车、公共交通、非机动车等）的使用频率和行程长度进行测量。通过在道路和交叉口安装传感器，以及利用GPS数据和移动应用程序收集的信息，我们可以实时监测交通流量和行程特征。此外，问卷调查和交通模拟也是获取交通流量数据的重要手段。

这些数据对于城市规划、交通管理和环境保护至关重要。例如，它们可以帮助决策者优化交通流动，减少拥堵，改善空气质量，降低碳排放。因此，精确采集和分析交通流量数据对于实现可持续城市发展目标至关重要。

在城市规划方面，交通流量数据可以帮助规划师确定交通热点区域，制定更有效的交通路线，以及改善交通基础设施。例如，如果某个地区的交通流量持续高于容量，规划师可以考虑增加公共交通线路或改善道路状况，以减少拥堵。

在交通管理方面，这些数据可以帮助交通管理部门更好地管理交通流量，优化信号灯配时，减少交通事故，提高交通效率。例如，根据交通流量数据，交通管理部门可以调整信号灯的绿灯时间，以适应不同时间段的交通需求。

在环境保护方面，交通流量数据可以帮助评估交通对空气质量和碳排放的影响。通过分析交通流量数据，我们可以识别出高污染区域，并采取相应的措施，例如推广电动汽车、改善公共交通系统、鼓励非机动车出行等。

总之，精确采集交通流量数据是实现可持续城市发展目标的关键一步，有助于提高城市居民的生活质量，减少环境污染，促进经济繁荣。

2. 能源消耗计算

能源消耗计算关注的是交通工具在运行过程中的能源利用效率。这一计算需基于交通流量数据及各种交通工具的能源消耗特性，包括燃油效率、电动汽车的能源转换效率等。通过对不同交通模式、不同能源类型的详细分析，我们能够估算出整个交通系统的总能源消耗。

在具体计算能源消耗时，我们需要考虑以下因素：

（1）交通模式。不同交通模式的能源消耗差异很大。例如，私人汽车、公共交通、自行车和步行等都有不同的能源需求。私人汽车通常使用燃油，而电动汽车则依赖电能。

（2）能源类型。不同能源类型的能源效率也不同。燃油车的燃油效率取决于其发动机类型、驱动方式和驾驶习惯。电动汽车的能源转换效率则涉及电池技术和充电设施。

（3）行程长度和路况。长途行驶和城市内短途行驶的能源消耗也有所不同。此外，交通拥堵、坡度和路面状况也会影响能源利用效率。

（4）载客量和负载。交通工具的载客量和负载对能源消耗有影响。例如，满载的公共交通工具比空载的私人汽车更能有效地利用能源。

（5）环境因素。气温、湿度和海拔高度等环境因素也会影响能源消耗。

总之，精确计算交通系统的能源消耗需要综合考虑上述因素，并利用交通流量数据进行详细分析。这有助于制定更有效的交通政策，减少碳排放，提高城市的可持续性。

3．生命周期碳排放分析

生命周期碳排放分析提供了一种从原材料提取、生产制造、使用过程到废弃处理全过程考虑碳排放的方法。对于交通工具而言，这不仅包括其运行过程中的直接碳排放，还应包括交通基础设施建设、交通工具制造以及最终报废回收的碳排放。生命周期分析帮助城市规划者和决策者全面理解交通系统的碳足迹，识别减碳的关键领域。主要辅助方法有：

（1）碳排放因子应用。使用标准化的碳排放因子将能源消耗量转化为碳排放量，确保核算结果的一致性和比较性。

（2）交通政策和技术创新的减碳效果评估。通过设置情景分析，评估不同政策和技术创新对城市交通碳排放的潜在影响。

（3）数据管理和分析技术。利用大数据分析、人工智能等技术提高数据处理的效率和准确性，支持更精细化的减碳决策。

通过综合运用上述方法和技术，城市综合交通减碳核算能够为城市交通的低碳转型提供科学、精确的数据支持，指导实施有效的减排策略，促进城市可持续发展。

6.4.3　城市综合交通系统规划碳核算的应用实践

在全球范围内应对气候变化的背景下，城市综合交通系统作为碳排放的主要来源之一，其减碳量核算不仅对于评估当前措施的效果至关重要，也为未来的策略调整提供了科学依据。以下是城市综合交通减碳量核算在实际应用中的几个关键领域：

1．交通设施建设和维护碳排放

在城市交通系统中，交通设施的建设和维护是碳排放的重要组成部分。这些活动涉及基础设施的建造、维护、升级和替换，对于城市的可持续发展至关重要。精确核算交通设施的碳排放量对于减少碳排放具有重要意义。以下是一些关键方面：

（1）材料选择。在建设交通设施时，选择低碳材料可以显著降低碳排放。例如，使用可再生材料、减少水泥使用、优化钢铁生产过程等都是有效的策略。

（2）建设过程。优化建设过程可以减少能源消耗和碳排放。例如，采用先进的施工技术、减少运输距离、合理规划施工时间等都有助于降低碳排放。

（3）维护效率。定期维护和保养交通设施可以延长其使用寿命，减少频繁的替换和大规模的施工。这有助于降低碳排放。

（4）设施升级和替换。评估设施升级或替换的碳减排效益是制定长期低碳发展战略的关键一步。例如，升级公共交通系统、改善道路状况、推广电动汽车充电设施等都可以减少碳排放。

总之，精确核算交通设施的碳排放量有助于识别减碳的潜在机会，并为城市规划者制定更有效的低碳发展策略提供科学依据。这对于实现可持续城市发展目标至关重要，有助于改善居民的生活质量，减少环境污染，促进经济繁荣。

2．非机动交通排放评估

非机动交通，例如步行和自行车，虽然本身不直接产生碳排放，但其在城市交通系统中的推广对于减少整体碳排放具有显著影响。核算非机动交通的排放评估主要集中在评估其替代机动车出行所减少的碳排放量。这一评估方法考虑了以下几个关键因素：

（1）出行模式替代效应。通过鼓励步行和自行车出行可以减少机动车的使用。这将直接减少机动车的燃料消耗和碳排放。例如，如果一个人选择步行或骑自行车代替开车上班，那么他们的碳足迹将大大减少。

（2）出行距离和频率。步行和自行车通常用于短距离出行，例如通勤、购物和休闲活动。通过建设更多的人行道、自行车道和自行车租赁站，我们可以鼓励更多人选择这些非机动交通方式，从而减少碳排放。

（3）基础设施建设。城市规划者可以通过建设更多的人行道、自行车道、安全的人行横道等基础设施来促进非机动出行。这将为居民提供更便利的选择，同时减少机动车的使用。

总之，通过推广步行和自行车出行，可以实现碳排放的降低，改善空气质量，提高城市居民的生活质量。这对于实现可持续城市发展目标至关重要，有助于构建更环保、更宜居的城市。

3．公共交通碳排放效率

提升公共交通碳排放效率是城市交通减排的重要途径。核算公共交通碳排放效率涉及评估公共交通工具的能源消耗和碳排放水平，以及通过提高乘坐率、优化路线等措施减少的碳排放量。以下是一些具体措施：

（1）推广电动公交车：电动公交车使用电能而非燃油，因此其碳排放量较低。城市可以逐步替换传统燃油公交车，推广电动公交车，从而减少整体碳排放。

（2）优化公交系统设计：合理规划公交线路、站点和换乘设施，可以提高公交系统的效率。减少不必要的绕行和重复线路，有助于降低能源消耗和碳排放。

（3）提升服务质量：提高公交服务的可靠性、频率和舒适度，可以吸引更多人使用公共交通。高乘坐率意味着更多人选择公交而非私人汽车，从而减少整体碳排放。

（4）智能交通管理：利用智能技术优化公交车辆的运行，避免拥堵和停滞，减少能源浪费。

通过综合考虑上述措施，可以提高公共交通碳排放效率，减少城市交通系统的碳排放。这对于实现可持续城市发展目标至关重要，有助于改善空气质量，提高居民的生活质量。

4．综合案例分析

许多城市已经开始实施综合的交通减碳核算和评估方法，通过系统分析交通系统的碳排放源和减排潜力，制定了具体的减碳行动计划。例如，某些城市通过实施智能交通管理系统，优化交通流，减少拥堵造成的额外排放；一些城市则通过推广共享单车和电动汽车，鼓励市民选择低碳出行方式。

通过这些应用实践的不断探索和实施，城市综合交通减碳量核算已成为推动城市可持续发展、实现低碳转型的重要工具。未来，随着技术的进步和数据获取能力的增强，城市交通减碳核算将更加精准、高效，为城市交通系统的低碳化提供强有力的支撑。

第6章 课后习题

课后习题

1. 碳排放量为什么用单位CO_2-eq？

2. 在进行城市水系统碳排放核算时，可以通过哪些途径提高核算结果的准确性？

3. 简述城市固体废弃物处置的碳核算分类角度和主要核算方法。

4. 以一条典型的固体废弃物处置技术工艺路线为例，简述其碳核算应考虑的环节和边界。

参考文献

［1］ 赵荣钦，余娇，肖连刚，等. 基于"水—能—碳"关联的城市水系统碳排放研究[J]. 地理学报，2021，76（12）：3119-3134.

［2］ 朱永霞. 社会水循环全过程能耗评价方法研究[D]. 北京：中国水利水电科学研究院，2017.

［3］ IPCC. 2006 IPCC Guidelines for National Greenhouse Gas Inventories [R], 2006.

［4］ 中国城镇供水排水协会. 城镇水务系统碳核算与减排路径技术指南[M]. 北京：中国建筑工业出版社，2022.

［5］ CHEN J, WANG H, YIN W, et al. Deciphering carbon emissions in urban sewer networks: Bridging urban sewer networks with city-wide environmental dynamics[J]. Water Research, 2024, 256: 121576.

［6］ DU W J, LU J Y, HU Y R, et al. Spatiotemporal pattern of greenhouse gas emissions in China's wastewater sector and pathways towards carbon neutrality[J]. Nature Water, 2023, 1(2): 166-175.

［7］ 刘学之，孙鑫，朱乾坤，等. 中国二氧化碳排放量相关计量方法研究综述[J]. 生态经济，2017, 33（11）：21-27.

［8］ KONSTANTINAVICIUTE I, BOBINAITE V. Comparative analysis of carbon dioxide emission factors for energy industries in European Union countries[J]. Renewable & Sustainable Energy Reviews, 2015, 51: 603-612.

［9］ 中华人民共和国住房和城乡建设部. 建筑碳排放计算标准：GB/T 51366—2019[S]. 北京：中国建筑工业出版社，2019.

［10］ 赵由才，牛冬杰，周涛. 固体废物处理与资源化[M]. 北京：化学工业出版社，2023.

［11］ 段华波，陈瑛，蔡俊雄，等. 固体废物利用与处置碳排放研究进展和发展趋势[J]. 环境科学学报，2023, 43（6）：1-10.

［12］ 李哲坤，张立秋*，杜子文，等. 城市污泥不同处理处置工艺路线碳排放比较[J]. 环境科学，2023, 44（2）：1181-1190.

［13］ BATOOL S A, CHUADHRY M N. The impact of municipal solid waste treatment methods on greenhouse gas emissions in Lahore, Pakistan [J]. Waste Management, 2009, 29(1): 63-69.

［14］ 杨文越. 城市交通出行碳排放及其影响机理[M]. 北京：商务印书馆，2020.

［15］ 蔡博峰，冯相昭，陈徐梅. 交通二氧化碳排放和低碳发展[M]. 北京：化学工业出版社，2012.

［16］ 史丹，叶云岭. 城市交通碳排放趋势与减排对策研究——以上海市为例[J]. 现代管理科学，2022（4）：3-14.

［17］ 田佩宁，毛保华，童瑞咏，等. 我国交通运输行业及不同运输方式的碳排放水平和强度分析[J]. 气候变化研究进展，2023, 19（3）：347-356.

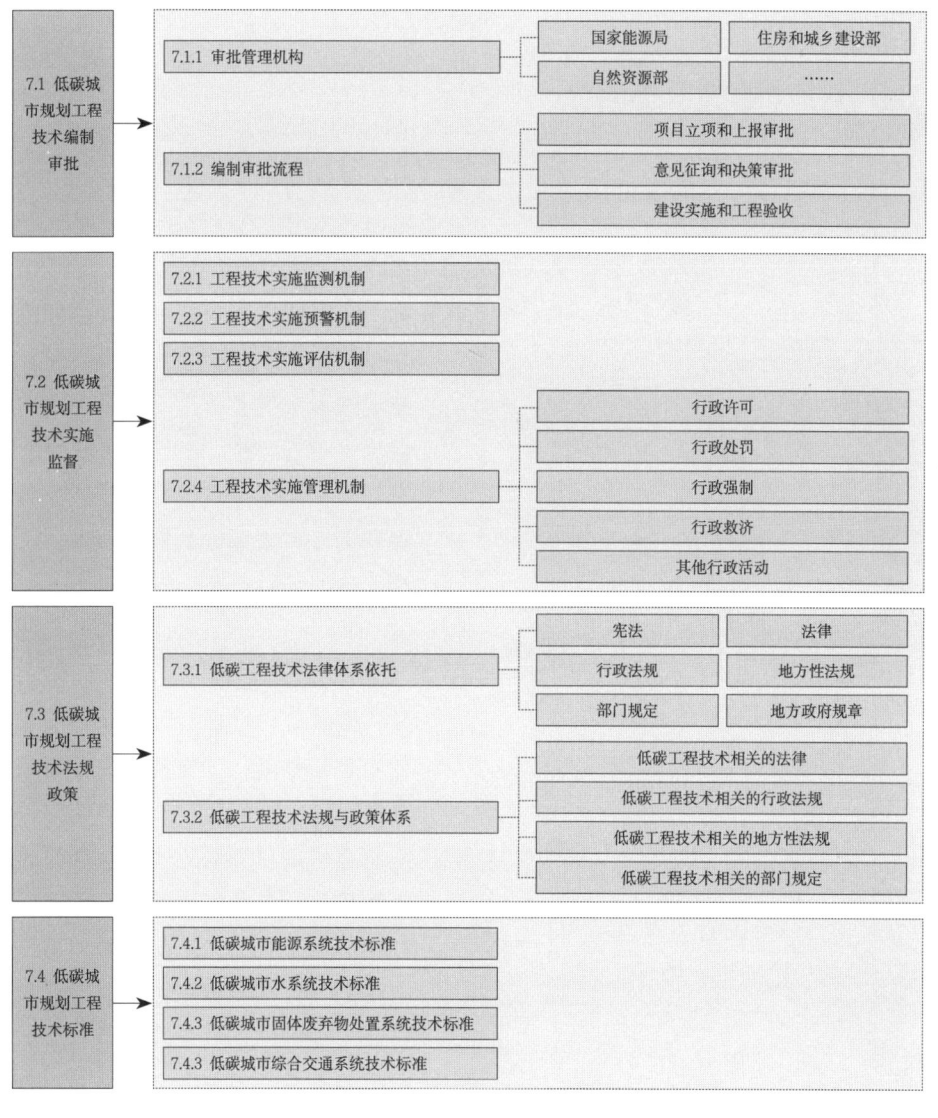

第7章 低碳城市规划工程技术实施与管理

7.1 低碳城市规划工程技术编制审批

7.1.1 审批管理机构
- 国家能源局
- 住房和城乡建设部
- 自然资源部
- ……

7.1.2 编制审批流程
- 项目立项和上报审批
- 意见征询和决策审批
- 建设实施和工程验收

7.2 低碳城市规划工程技术实施监督

7.2.1 工程技术实施监测机制

7.2.2 工程技术实施预警机制

7.2.3 工程技术实施评估机制

7.2.4 工程技术实施管理机制
- 行政许可
- 行政处罚
- 行政强制
- 行政救济
- 其他行政活动

7.3 低碳城市规划工程技术法规政策

7.3.1 低碳工程技术法律体系依托
- 宪法
- 法律
- 行政法规
- 地方性法规
- 部门规定
- 地方政府规章

7.3.2 低碳工程技术法规与政策体系
- 低碳工程技术相关的法律
- 低碳工程技术相关的行政法规
- 低碳工程技术相关的地方性法规
- 低碳工程技术相关的部门规定

7.4 低碳城市规划工程技术标准

7.4.1 低碳城市能源系统技术标准

7.4.2 低碳城市水系统技术标准

7.4.3 低碳城市固体废弃物处置系统技术标准

7.4.3 低碳城市综合交通系统技术标准

7.1.1　审批管理机构

低碳城市规划工程技术审批管理的主要行政主体是各级政府中的行业主管部门（如国家能源局、住房和城乡建设部、工业和信息化部、交通运输部等）、自然资源部以及国家发展和改革委员会。主管部门按照各级党委、政府的决策部署，负责低碳城市规划工程技术的实施、组织编制和审批管理。省、直辖市级低碳城市规划工程技术行政主管部门是省级政府中的行业主管部门、自然资源部门、发展和改革委员会。市、县级低碳城市规划工程技术行政主管部门是市、县级政府中的行业主管部门、自然资源主管部门、发展和改革委员会。各地区政府主管部门应加强统筹，会同本地区有关部门扎实推进低碳城市规划工程技术建设。

7.1.2　编制审批流程

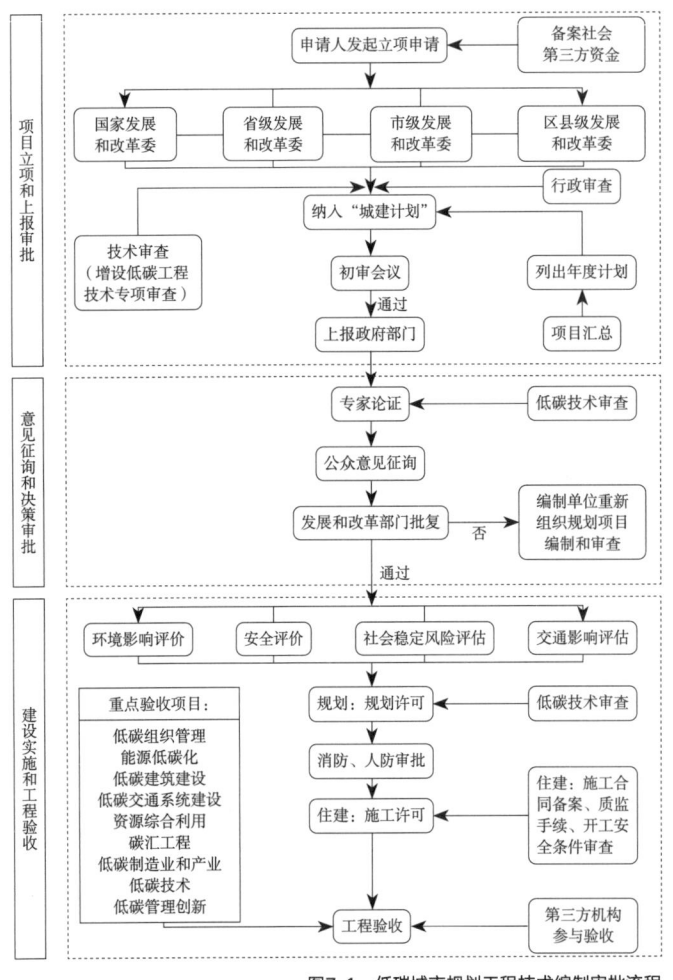

图7-1　低碳城市规划工程技术编制审批流程

低碳城市规划工程技术编制审批流程如图7-1所示，该流程包括多个阶段，从项目立项、上报审批、意见征询、决策审批到后期的建设实施、工程验收，每一环节都需要逐步审查和审批，确保项目的合规性与安全性。在这一过程中，不同审批层级涉及国家、省级、市级及区域审批单位的密切协作，最终决定项目的推进和实施。

1．项目立项

低碳城市规划工程技术编制首先应申请立项，工程技术项目分为国家、省、市、区县几个等级，不同等级的项目应向不同等级的行政主管机关、发展和改革委员会发起立项申请。立项还应备案社会第三方资金。且履行相应的技术审查和行政审查程序。技术审查由组织编制机构委托与规划编制单位无利害关系的第三方技术审查机构，对低碳城市规划工程技术草案进行独立技术审查；行政审查由各级资源规划部门组织相关部门和专家实施。

2．上报审批

由工程项目编制单位提起申请，上报行政主管部门纳入当年的"城建计划"项目。各级行政主管部门将各单位提交的申请进行汇总，列出年度计划项目目录，组织召开初审会议，会议通过后将目录下发给各部门实施。同时注意增加低碳工程技术专项审查内容，地方各级建设主管部门在施工图设计审查中增加低碳工程技术专项审查内容，达不到要求的不予通过；低碳城市规划工程技术成果按行政审查意见和技术审查意见修改到位后，按程序审批或上报给政府部门。

3．意见征询

低碳城市规划工程技术项目应运用"政府组织、专家领衔、部门合作、公众参与、科学决策"的编制方式，在决策审批前，应按程序进行专家论证、意见征询。除国家规定需要保密的情形外，组织编制单位应在本级政府信息网站或主要新闻媒体公开展示工程技术草案，采取论证会、听证会或者其他方式，征求专业单位、专家和公众意见。项目草案的公示时间不少于30日，公示期内任何单位或个人均可向组织编制机关提出意见和建议。组织编制机关应将意见采纳情况向审议机构或审批机关作出说明，对不予采纳的意见和建议应说明理由。

4．决策审批

上报的工程技术成果在完成技术审查和行政审查后应报发展和改革委员会审议。发展和改革委员会根据可研项目进行批复。规划草案有重大异议、审议未通过的，由组织编制单位按程序重新组织规划草案的编制和审查。

5．建设实施

项目实施之前需进行多项前置手续，包括环境影响评价（环评）、安全评价（安评）、社会稳定风险评估（稳评）、交通影响评估（交评）等。前置手续办理妥当后由各级发展和改革委员会或住房和城乡建设主管部门，组织承建单位进行初步设计。再提交施工图向住房和城乡建设部门申请施工许可证。完成以上步骤即可依照预设时间节点开始项目建设。

6．工程验收

由承包部门提交竣工验收报告。在验收阶段，建立统一的综合验收工作制度，除按照低碳生态指标的要求对低碳工程技术项目进行综合评估外，现场核查低碳工程项目在低碳组织管理、能源低碳化、低碳建筑建设、低碳交通系统建设、资源综合利用、碳汇工程、低碳制造业和产业，以及低碳技术、低碳管理创新等方面情况，并组织专业验收评价会，对建设情况进行评价验收。

在低碳城市工程技术审查的各个环节，如建筑方案审查、工程技术审查、施工图审查等环节，甚至低碳工程技术标识等审查，鼓励第三方评价机构的参与，在每个审查环节出具审查意见，管理方依次做出相关的行政许可。第三方评价机构要求具有较强的低碳技术水平，能得到社会和管理方的认可，同时第三方也需要得到监管，保持独立、公正。

7.2.1 工程技术实施监测机制

实施监测是开展低碳城市规划工程实施监督整体"监测评估预警"工作的基础，强调对低碳城市规划工程技术实施过程中的开发建设活动实际情况的客观描述，关注于体征性指标，特别是对各类能源规划利用技术、低碳韧性交通技术、给水排水规划技术、双碳目标设定值、减碳量核算指标开展重点监测。从监测类型上看，包括日常监测（建设活动相关管理数据）；定期监测（遥感监测成果、自然资源调查成果等数据）；动态监测（多源大数据）三类。

7.2.2 工程技术实施预警机制

综合低碳城市工程技术建设管理的技术要求和政府行政工作的考核思路，将低碳工程技术要求转化为行政语言和可以评价的任务工作。按照年度，依据是否已经完成或是否已经开展等不同的工作阶段进行实时预警，以促进相关低碳工程技术工作的有序开展。

工程规划实施预警是对监测成果的运用，也是开展低碳城市规划实施监督工作的重要目的之一。低碳城市规划实施预警，是基于监测指标进行分析，在把握历史规律基础上，对未来趋势进行可靠性判断，对低碳城市规划工程实施过程中，简化低碳工程技术流程、违反低碳工程技术要求、突破工程约束性指标的风险情况进行及时预警。重点围绕能源工程规划技术减碳量、综合交通规划技术减碳量、给水排水规划技术减碳量、垃圾处置技术减碳量四项重要的刚性管控要求和低碳城市规划工程约束性指标开展。从此意义上看，监测与预警指标具备一定的对应性，但预警重点在于标准及等级的确定。即强调判断警情等级、辅助形成预警报告。

7.2.3　工程技术实施评估机制

低碳城市规划工程技术实施评估是指根据规划目标，对技术实施情况进行系统分析和问题识别，主要包括能源工程规划技术、综合交通规划技术、给水排水规划技术、垃圾处置技术四个方面，是确保工程技术规划有效实施的重要环节。作为一种反馈和衡量机制，工程技术实施评估可以反映规划实施效果。通过分析已有能源、交通、给水排水、垃圾处理等工程技术实施情况和现状存在的问题，及时反馈工程技术规划和实施过程中的薄弱环节和突出问题。

低碳城市规划工程技术实施评估强调全周期评估管理思想，着重于动态监测工程技术实施状态和质量。工程技术实施评估既有助于加强实施过程中的管理和督导，提高工程技术的科学性和指导性，也有助于及时发现问题并进行宏观调控。通过工程技术实施评估，可以及时发现工程技术具体目标在实施过程中出现的问题及其原因，挖掘问题根源的影响因素，进而整体把握工程技术实施情况，对不适应实际应用需求的工程技术内容、策略等进行适时跟进调整和补充。科学准确的评估结论可以为低碳城市规划工程技术实施措施调整提供可靠依据。同时，将低碳城市工程技术规划建设指标纳入土地出让合同。建立绿色土地使用权转让评估制度，如将可再生能源利用强度、中水回用率、建筑材料回用率等涉及绿色发展指标列为土地使用权转让的重要条件。

7.2.4　工程技术实施管理机制

通过法定规划程序，将低碳工程技术建设指标（低碳能源、低碳交通、低碳给水排水设施和低碳垃圾处理设施）纳入法定规划进行管理。在管理过程中，低碳城市相关技术标准与规范是审批部门在管理设计、建设与验收时的重要参考文件。在低碳城市规划工程技术实施管理中，可以借鉴引用国土空间规划实施管理的程序，具体包括行政许可、行政处罚、行政强制、行政救济等几种主要的行政活动方式，除此之外，还有行政指导、行政合同、行政调解等方式。

1．行政许可

行政许可是指行政机关根据公民、法人或者其他组织的申请，经依法审查，准予其从事特定活动的行为。《中华人民共和国行政许可法》规定了法律、行政法规、国务院决定、地方性法规、省级地方人民政府规章的行政许可设立权。行政许可一般包括申请与受理、审查、决定、核发证件等程序。如建立绿色施工许可制度，地方各级建设主管部门对于不满足绿色施工要求的建筑不予颁发开工许可证。低碳城市规划行政许可是基于现实、面向未来的用途管制制度，具有三个方面的特征：一是许可依据的未来性，二是相邻关系的现实性，三是发展利益的平衡性。

2．行政处罚

行政处罚是指行政机关（如国家能源局、住房和城乡建设部、工业和信息化部、交通运输部等）或者其他行政主体依照法定职权和程序对违反行政法但尚未构成犯罪的行政相对人实施制裁的具体行政行为。《中华人民共和国行政处罚法》第九条规定，行政处罚的类型包括"警告、通报批评；罚款、没收违法所得、没收非法财物；暂扣许可证件、降低资质等级、吊销许可证件；限制开展生产经营活动、责令停产停业、责令关闭、限制从业；行政拘留；法律、行政法规规定的其他行政处罚"。在低碳城市规划工程技术实施过程中，对于违规建设，耗能较大，造成能源浪费的，无法采取改正措施消除影响的呼吁限期拆除。

3．行政强制

行政强制，包括行政强制措施和行政强制执行。行政强制措施是指行政机关在行政管理过程中，为制止违法工程建设行为、防止证据损毁、避免危害发生、控制危险扩大等情形，依法对公民的人身自由实施暂时性限制，或者对公民、法人或者其他组织的财物实施暂时性控制的行为。行政强制执行是指行政机关或者行政机关申请人民法院，对不履行行政决定的公民、法人或者其他组织，依法强制履行的行为。行政强制执行的目的是保障行政法上的义务履行以及使行政决定得到有效实施。例如，可以规定："凡是新建的建筑物和其他工程设施超出低碳工程技术规划排碳量阈值的，呼吁建设单位或者个人立即停止施工，自行拆除。否则，由相关政府主管部门依据《中华人民共和国行政处罚法》进行适当罚款等"。

4．行政救济

行政救济，是指相对人认为行政主体违法行使职权因需满足低碳发展要求，而侵害或将要侵害自己的合法权益，而向有权国家机关提出申请时，有权国家机关通过制止或纠正该违法或不当的行政行为，排除侵害并填补低碳建设的行政行为造成的损害或损失，而对相对人的合法权益进行救济的行为。根据行政救济机关行政的不同，行政救济的途径可分为权力机关的救济、行政机关的内部救济、司法机关的救济。如某一垃圾处理厂取得了工程建设许可证，但因材料使用不环保、建设流程不节能导致出现环境污染、破坏低碳城市建设进程，被相关部门或是企业、个人等提出撤销许可请求，行政机关要进行行政复议，这一行政复议就是行政机关的内部救济方式。

5．其他行政活动

低碳城市规划工程技术实施管理涉及了多种行政活动，除了行政许可、行政处罚、行政强制和行政救济之外，还包含了行政命令、行政征收、行政指导、行政给付、行政奖励、行政裁决、行政合同、行政调解等其他行政活动。

低碳城市工程技术法律体系是低碳城市建设现代化、降碳目标达成的规范基础。依法进行低碳城市工程技术规划管理是工程技术实施以及提升低碳城市治理能力、促进社会经济、生态治理全面协调可持续发展的重要保障。

7.3.1 低碳工程技术法律体系依托

低碳城市工程技术法规类型是依托中国特色社会主义法律体系，是以宪法为统帅，以法律为主干，以行政法规、地方性法规为重要组成部分，由宪法相关法、民法商法、行政法、经济法、社会法、刑法、诉讼与非诉讼程序法等多个法律部门组成的有机统一整体。低碳城市工程技术依托的法律体系如图7-2所示。

1．宪法
宪法是国家的根本法，具有最高的法律地位、法律权威、法律效力。宪

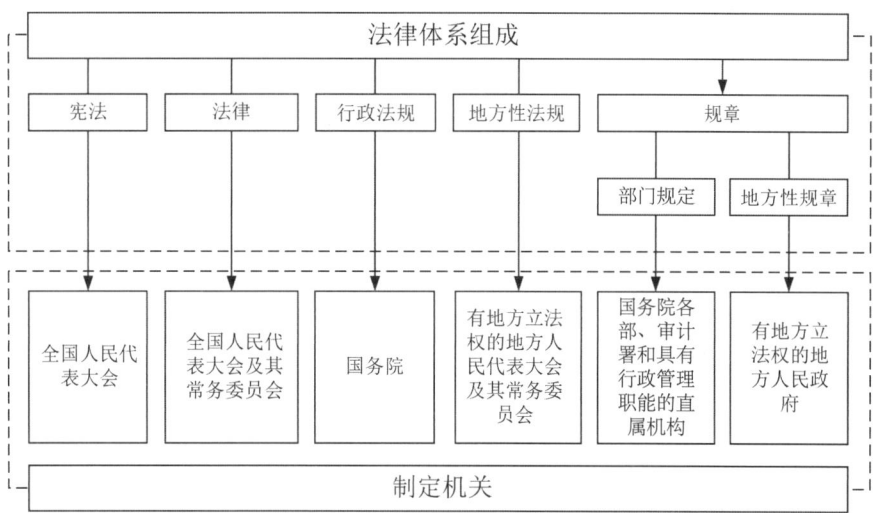

图7-2 低碳城市工程技术依托的我国法律体系

法由全国人民代表大会制定。

2．法律

法律是中国特色社会主义法律体系的主干，解决的是国家发展中带有根本性、全局性、稳定性和长期性的问题，是国家法制的基础，也是行政法规、地方性法规制定的重要依据。是由全国人民代表大会及其常务委员会制定的调整特定社会关系的法律文件，是特定范畴内的基本法。

3．行政法规

行政法规是中国特色社会主义法律体系的重要组成部分，是将法律规定的相关制度具体化、是对法律的细化和补充。行政法规是国务院根据宪法和法律及相关规定而制定的政治、经济、教育、科技、文化、外事等各类法规的总称。行政法规专指国务院制定的行政法律规范，一般以条例、办法、实施细则、规定等形式组成，在效力上，行政法规仅次于宪法和法律，高于部门规章和地方性法规。

4．地方性法规

地方性法规是指法定的地方国家权力机关依照法定的权限，在不同宪法、法律和行政法规相抵触的前提下，制定和颁布的在本行政区域范围内实施的规范性文件。地方性法规是由有立法权的地方人大及其常委会制定的规范性文件。包括省、自治区、直辖市人大及其常委会制定的地方性法规、较大的市的人大及其常委会制定的地方性法规以及经济特区所在地的省、市人大及其常委会制定的经济特区法规。

5．部门规定

部门规定是指国务院各部门（包括具有行政管理职能的直属机构）根据法律和国务院的行政法规、决定、命令，在本部门的权限内按照规定的程序所制定的规定、办法、细则、规则等规范性文件的总称。在我国行政管理活动中，部门规定作为法律、法规的补充形式，发挥着重要作用。

6．地方政府规章

地方政府规章是指由省、自治区、直辖市和较大的市的、有地方立法权的人民政府根据法律和法规，并按照规定的程序所制定的普遍适用于本行政区域的规定、办法、细则、规则等规范性文件的总称。

7.3.2 低碳工程技术法规与政策体系

根据我国的法律体系，低碳城市规划工程技术的法律依据由相关的法律、行政法规、地方性法规、部门规定、地方政府规章组成。低碳城市规划工程技术法律体系如图7-3所示。

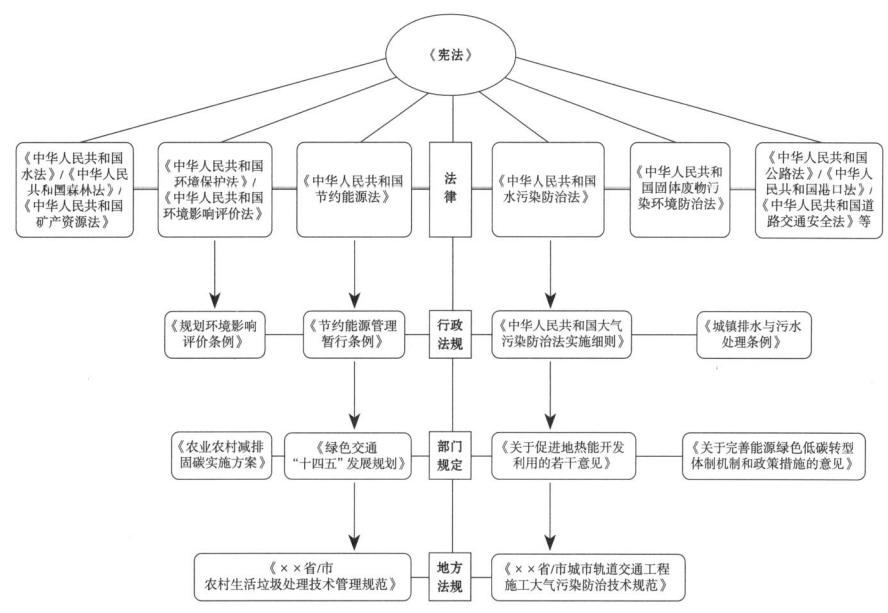

图7-3 低碳城市规划工程技术法律体系

1. 低碳工程技术相关的法律

低碳工程技术实施管理涉及多个行业，是一项综合性工作，其法律依据涉及多个行业领域。目前低碳工程技术主要涉及国土资源、节约能源、生态环境保护、水资源利用保护、市政设施、交通规划等行业领域的法律。相关法律主要有：

《中华人民共和国节约能源法》（2018年修正）

《中华人民共和国循环经济促进法》（2018年修正）

《中华人民共和国清洁生产促进法》（2012年修正）

《中华人民共和国煤炭法》（2016年修正）

《中华人民共和国水污染防治法》（2018年修正）

《中华人民共和国环境保护法》（2014年修正）

《中华人民共和国水法》（2016年修正）

《中华人民共和国防沙治沙法》（2018年修正）

《中华人民共和国海洋环境保护法》（2023年修正）

《中华人民共和国大气污染防治法》（2018年修正）

《中华人民共和国固体废物污染环境防治法》（2020年修订）

《中华人民共和国森林法》（2019年修订）

《中华人民共和国公路法》（2017年修正）

2．低碳工程技术相关的行政法规

根据不同的行业领域，目前我国低碳工程技术相关的行政法规主要分为节约能源、综合交通、给水排水设施、垃圾处置设施四个方面来讲。

1）节约能源类

《清洁生产审核办法》（中华人民共和国国家发展和改革委员会、中华人民共和国环境保护部令第38号）

《民用建筑节能条例》（中华人民共和国国务院令第530号）

《矿产资源监督管理暂行办法》（国发〔1987〕24号）

《民用建筑节能管理规定》（中华人民共和国建设部令第143号）

《地质资料管理条例》2017年修订（中华人民共和国国务院令第349号）

《违反矿产资源法规行政处罚办法》（地矿部令第17号）

《节约能源监测管理暂行规定》（计资源〔1990〕60号）

《矿产资源登记统计管理办法》（中华人民共和国国土资源部令第23号）

2）综合交通类

《农村公路建设管理办法》（交通运输部令2018年第4号）

《城市绿色货运配送示范工程管理办法》（交运发〔2022〕32号）

《城市公共交通条例》（中华人民共和国国务院令第793号）

3）给水排水设施类

《城镇排水与污水处理条例》（中华人民共和国国务院令第641号）

《城市管网及污水处理补助资金管理办法》（财建〔2019〕288号）

4）垃圾处置设施类

《城市市容和环境卫生管理条例》（中华人民共和国国务院令第101号）

3．低碳工程技术相关的地方性法规

我国现行国土空间规划运行的地方性法规主要有各省、直辖市和自治区依据国家颁布的相关法律，先后制定的本辖区的实施办法或条例。如依据《中华人民共和国土地管理法》（2019年修正）制定的《贵州省土地管理条例》（2022年修订），依据《中华人民共和国城乡规划法》（2019年修正）制定的《湖北省城乡规划条例》（2011年8月3日湖北第十一届人大常务委员会第二十五次会议通过）和《武汉市城乡规划条例》（2013年11月27日经武汉市第十三届人大常委会第十六次会议审议通过）。

4. 低碳工程技术相关的部门规定

低碳城市规划工程技术审批管理的主要行政主体是各级政府中的行业主管部门、自然资源主管部门、发展和改革委，所以低碳城市工程技术相关的部门规定主要由这些部门制定发布，具体包括：

《关于促进地热能开发利用的若干意见》（国能发新能规〔2021〕43号）

《关于促进新时代新能源高质量发展实施方案的通知》（国办函〔2022〕39号）

《关于进一步改进优化能源、交通、水利等重大建设项目用地组卷报批工作的通知》（自然资发〔2024〕36号）

《"十四五"新型储能发展实施方案》（发改能源〔2022〕209号）

《"十四五"现代能源体系规划》（发改能源〔2022〕210号）

《国家发展改革委 国家能源局关于完善能源绿色低碳转型体制机制和政策措施的意见》（发改能源〔2022〕206号）

《煤炭清洁高效利用重点领域标杆水平和基准水平（2022年版）》（发改运行〔2022〕559号）

《能源碳达峰碳中和标准化提升行动计划》（国家能源局发布）

《加快油气勘探开发与新能源融合发展行动方案（2023—2025年）》（国能发油气〔2023〕21号）

《绿色交通"十四五"发展规划》（交规划发〔2021〕104号）

《"十四五"现代综合交通运输体系发展规划》（国发〔2021〕27号）

7.4 低碳城市规划工程技术标准

低碳城市规划工程技术标准既是低碳城市工程技术内涵的具体化，也是低碳城市规划工程技术实施、建设成效的度量，制定该标准的目的主要是落实低碳工程技术的生态要求量化操作问题，同时控制、引导低碳理念在城市规划制定与实施中的运用与落实。本项目低碳城市规划工程技术标准从以下四个方面提出参考。

7.4.1 低碳城市能源系统技术标准

此类技术标准内容包括了鼓励优化能源结构，积极发展可再生能源，逐渐提高可再生能源利用比重，同时优化发展化石能源，提升清洁能源的使用比例，推动新能源的发展应用。因地制宜建设绿色基础设施，推动能源综合利用。目前低碳城市能源系统技术标准包括：

《建筑节能与可再生能源利用通用规范》GB 55015—2021

《光伏发电站设计标准》GB 50797—2012（2024年版）

《光伏发电接入配电网设计规范》GB/T 50865—2013

《塔式太阳能光热发电站设计标准》GB/T 51307—2018

《地源热泵系统工程技术规范》GB 50366—2005（2009年版）

《燃气冷热电联供工程技术规范》GB 51131—2016

《燃气分布式供能站设计规范》DL/T 5508—2015

浙江省《能源大数据中心通用架构和技术要求》DB33/T 2550—2022

北京市《电动汽车公用充电站能源消耗限额》DB11/T 2160—2023

青海省《绿色算力基础设施清洁能源利用评价方法》DB63/T 2224—2023

重庆市《新能源汽车与充电基础设施监测平台 换电设施信息接入技术规范》DB50/T 1508—2023

北京市《建筑工程施工工艺规程 第16部分：新能源系统工程》DB11/T 1832.16—2023

《江西省人防工程内安装使用新能源电动汽车充电设施指引》赣国动办发〔2023〕10号

江苏省常州市《新能源城市评价指标体系》DB3204/T 1051—2023

安徽省《新能源电动汽车换电站运营管理服务规范》DB34/T 4526—2023

安徽省《新能源电动汽车换电站验收规范》DB34/T 4527—2023

北京市《文化场馆能源消耗定额》DB11/T 1268—2023

上海市《沥青混合料单位产品能源消耗限额》DB31/T 991—2023

7.4.2　低碳城市水系统技术标准

此类技术标准内容包括结合不同区域城市的实际情况，因地制宜、因城施策的推进地下给水排水管道建设，统筹两类管线规划、建设和管理，保障城市安全，完善城市功能，美化城市景观等。坚持规划先行、因地制宜、试点带动、政府主导等原则，对建设和运营工作进行规范，促使管线安全水平和防灾抗灾能力提升，充分发挥规模效益和社会效益。目前低碳城市水系统技术标准包括：

《建筑给水排水与节水通用规范》GB 55020—2021

《建筑给水排水设计标准》GB 50015—2019

《建筑与工业给水排水系统安全评价标准》GB/T 51188—2016

《城镇排水行业职业技能标准》CJJ/T 313—2022

《城镇给水管道非开挖修复更新工程技术规程》CJJ/T 244—2016

《温排水节约集约用海标准》T/CAOE 70—20 23

广东省深圳市《海绵型公园绿地建设规范》DB4403/T 389—2023

湖北省武汉市《城市排水系统溢流污染控制技术规程》DB4201/T 666—2022

湖南省《埋地排水用UHMW-PTE 方型增强排水管技术规范》DB43/T 2628—2023

北京市《城镇污水处理厂污泥处理能源消耗限额》DB11/T 1428—2023

7.4.3　低碳城市固体废弃物处置系统技术标准

此类技术标准内容包括建设再生资源回收利用体系，逐步试点并推广垃圾分类收集，在道路两侧、路口、各类交通客运设施、公共设施、广场、旅游区及社会停车场等人流活动频繁处应设置分类收集设施等。倡导废弃物社区交换回收和安全转运，循环利用，综合处理。在城市居住区、商业区配套规划社区再生资源回收站，落实用地，同步规划、建设和投入使用。目前低碳城市固体废弃物处置系统技术标准包括：

《生活垃圾焚烧飞灰固化稳定化处理技术标准》CJJ/T 316—2023

《生活垃圾渗沥液处理技术标准》CJJ/T 150—2023

宁夏回族自治区《施工现场建筑垃圾减量化技术标准》DB64/T 1913—2023

《施工现场建筑垃圾减量化技术标准》JGJ/T 498—2024

雄安新区《雄安新区绿色拆除与建筑垃圾综合利用技术规范》DB1331/T 056—2023

广东省广州市《建筑垃圾循环利用技术规范》DB4401/T 162—2022

北京市《建筑垃圾再生回填材料应用技术规程》DB11/T 2205—2023

北京市《建筑垃圾再生墙体材料应用技术规程》DB11/T 2206—2023

湖北省武汉市《生活垃圾焚烧飞灰安全处理与管理技术规范》DB4201/T 616—2020

广西壮族自治区南宁市《厨余垃圾处理设施运行监管规范》DB4501/T 0016—2023

浙江省杭州市《农村生活垃圾处理技术管理规范》DB3301/T 0209—2018

福建省《福建省厨余垃圾处理设施运行监管和考核评价标准》DBJ/T 13—432—2023

河南省濮阳市《生活垃圾焚烧发电锅炉节能环保技术规范》DB4109/T 043—2023

上海市《生活垃圾焚烧大气污染物排放标准》(公布稿) DB31/768—2013

黑龙江省《生活垃圾源生物炭分级与检测技术规范》DB23/T 3557—2023

7.4.4　低碳城市综合交通系统技术标准

此类技术标准内容包括结合不同城市层级大力发展区域及城市公共交通

体系，完善交通设施指引规划等。面向特大城市、大中城市及重点地区，进一步优化轨道交通系统、BRT系统，补充完善巴士公交系统，形成系统完整、高效衔接、多元换乘、便捷可达的公共交通系统。并结合TOD的理念对于轨道站点及重要的公共交通走廊沿线站点区域进行高强度综合开发。小城市及一般的城市地区，形成完善的以常规公交为主的公共交通体系。目前低碳城市综合交通系统技术标准包括：

黑龙江省哈尔滨市《城市轨道交通智慧车站设计技术标准》DB2301/T 160—2024

广东省《城市轨道交通路基设计规范》(征求意见稿)

辽宁省《城市轨道交通运营管理技术规范》DB21/T 3915—2024

山东省《城市轨道交通工程施工大气污染防治技术规范》DB37/T 4694—2024

安徽省《快速路交通智能管控设施设置规范》DB34/T 4645—2023

北京市《城市轨道交通线路客流预测规范》DB11/T 786—2023

北京市《绿色城市轨道交通车站评价标准》DB11/T 2233—2023

河北省《城市轨道交通导向标识系统设计规范》DB13/T 5833—2023

《深圳市自行车交通发展规划（2021—2035）》

北京市《步行和自行车交通环境规划设计标准》DB11/1761—2020

第7章 课后习题

课后习题

1. 低碳城市规划工程技术实施预警等级如何划分？
2. 低碳城市规划工程技术的奖励机制包括哪些内容？
3. 低碳城市规划工程技术实施的考评机制如何设置？

参考文献

[1] 陆方兰，郝烁. 建设项目节地管控研究——以土地管理新形势为背景[M]. 天津：南开大学出版社，2021.

[2] AIBERTO D B, JYOTI B. Financing low carbon transport solutions in developing countries[M]. Other papers: 2021-11-01.

[3] 戴德胜，段进. 绿维都市：空间层级系统与K8发展模式[M]. 南京：东南大学出版社，2014.

[4] ZUSMAN E, SRINIVASAN A, DHAKAL S. Low carbon transport in Asia[M]. Taylor and Francis: 2012-03-29.

[5] 张启人，闵惜琳，陈原. 发展低碳城市的系统工程思考[J]. 系统工程，2011，29（1）：1-7.

[6] 黄焕春，王世臻. 国土空间规划原理[M]. 南京：东南大学出版社，2021.

[7] 程茂吉，陶修华. 市县国土空间总体规划[M]. 南京：东南大学出版社，2022.

［8］ 何明俊. 国土空间规划体系中城市规划行政许可制度的转型[J]. 规划师，2019，35（13）：35-40.

［9］ 王振，彭峰，等. 全球碳中和战略研究[M]. 上海：上海社会科学院出版社，2022.

［10］ 程东祥. 城市交通与低碳发展[M]. 南京：东南大学出版社，2021.

［11］ 曹俊金. 我国能源低碳转型法律制度研究[M]. 上海：上海人民出版社，2017.

［12］ 赵燕. 低碳城市战略：甘肃资源开发型城市可持续发展道路[M]. 兰州：甘肃人民出版社，2018.

［13］ 王莉. 中国环境法律制度研究[M]. 北京：中国政法大学出版社，2018.

［14］ 王云鹏. 低碳城镇化法律保障制度论纲[M]. 厦门：厦门大学出版社，2017.

［15］ 石敏俊，等. 区域发展政策模拟[M]. 北京：中国人民大学出版社，2016.

［16］ 郭苏建，方恺，周云亨. 新时代中国清洁能源与可持续发展[M]. 杭州：浙江大学出版社，2019.

［17］ 杨晓占. 新能源与可持续发展概论[M]. 重庆：重庆大学出版社，2019.

［18］ 王剑，张星海. 能源那些事[M]. 重庆：重庆大学出版社，2017.

［19］ 阳玉香，王健康，莫旋. 生态文明视域下区域低碳创新体系的构建及实践路径研究——以湖南省为例[M]. 北京：世界图书出版公司，2017.